The
Bean Seeker

The
Bean Seeker

尋豆師②

The Bean Seeker

— 國際咖啡評審的非洲獵奇 —

許寶霖 著

1540m　1420m

熱情、專業，
最讓選手信服的國際評審

　　寶霖先生是全球咖啡精品圈公認、來自台灣的知名咖啡專家，以在世界各地追尋精品豆聞名，發掘出的咖啡無一不是頂尖出眾！他是國際旅行家，一方面不斷追求最卓越的咖啡，一方面在各國擔任國際各重要賽事的評審，更是世界咖啡活動組織的官方代表。

　　我是 2014 年的世界咖啡大師冠軍，也曾被寶霖先生評比，身為一名選手，我很喜愛也尊敬他擔任我的評審。如果有一天我想再度上台競賽，當然最想與這種熱情、專業，能引導選手更上一層樓的評審一起在競賽舞台互動。他深具智慧、熱情，最重要的是深愛咖啡。如果您也是精品咖啡產業的一份子，當會享受閱讀寶霖先生的這本大作！

Hidenori Izaki（2014WBC 世界冠軍）

Mr Joe has been one of the most recognized coffee professional from Taiwan in our global coffee community and pouring passion to source green coffees from all over the world.

Coffee he sourced is definitely one of the best coffees from all over the world. He is a world traveler who's looking for an excellent cup of coffee and also contributing coffee community to improve their coffee market as a representative of World coffee event.

I, as I previous competitor at World barista championship, was judged by Mr Joe and I always loved to have him on my stage. If I compete once again he'd be definitely the one who I want to be judged again.

He's kind and wise person who's full of passion and love for coffee. Please enjoy reading through this book as if you were part of this wonderful coffee industry!

Hidenori Izaki

發掘精品咖啡的絕妙風味

卓越盃競賽（Cup of Excellence®）是世界上競爭最激烈的咖啡大賽。得獎的咖啡豆必須通過一共 5 個回合的杯測（不含樣品的初步篩選），每一輪測試都由杯測師團隊來評比把關。頂尖前 10 名甚至要經過上百次的評分之後，才能脫穎而出。

但卓越盃競賽的重點並不只是在於提供了哪些獎項，而是這個賽事對整個咖啡產業、特別是精品咖啡（Specialty Coffee）的深遠影響。卓越盃是獨一無二的咖啡競賽活動（包括首創的全球網路競標），不只大幅改善獲獎小咖啡農的收入，同時也重整了咖啡產業，讓更多咖啡農找到適合自己生產的咖啡豆，並且幫助更多採購商取得他們心目中的最佳咖啡豆。

在卓越盃問世之前，大多數咖啡豆都被混豆處理，不同咖啡豆本身的絕妙風味無法被突顯，風味的特色被淹沒在國家或地域名稱之中，當時並不會依據獨特品種、或者根據不同微型氣候生產出來的豆子來區分單獨批次供貨，真正的好豆子往往就此被埋沒了。咖啡豆的風味複雜度是如此的不可思議，每次的採收期都必須要很謹慎與仔細的精挑篩選，才能夠從中挖到珍寶。

藉卓越盃競賽中脫穎而出的咖啡，我們彷彿進入一個令人回味無窮、驚嘆不已的咖啡世界，裡面的微型氣候、耕種與採摘方式、品種、加工與烘焙方式都是關鍵因素。因為卓越盃競賽，像許寶霖這種眼光獨到的烘豆師才能提供給顧客風味獨特

的精品豆（卓越盃得獎的每一個批次都註明栽種者，而且這些咖啡數量都極其有限）。在卓越盃得獎、繼而參與競標的咖啡豆都是寶藏，總能令人感到無限驚喜，和寶霖一樣，能夠買到它們的人，可說是少數的幸運兒！

　　卓越盃同時也讓咖啡莊園變得更為透明化。所謂透明化，是指讓喝咖啡的人可以知道咖啡樹是在哪裡生長、栽種的咖啡農是誰，這對於整個咖啡產業在財務與生產上的永續性是非常重要的。卓越盃之前，很多咖啡農並沒有因為提供出色的咖啡品質而得到收入的合理提升，在卓越盃競賽得獎的咖啡農，優渥的收入讓他們更有意願提升技術與投資，咖啡農除了勤奮工作賺到更多錢外，他們也能掌握並提升咖啡豆的品質。如今最優質的咖啡豆生產者同時擁有創新的意願與技術，他們把自己的莊園經營得風生水起，讓它成為成功的小規模事業體。採購商也有更多機會到莊園去拜訪，去看看他們買進的咖啡豆所生長的地方，與咖啡農培養出長期的關係與友誼，一起慶祝其成就、互相切磋。

　　卓越盃競賽的舉辦者是非營利組織：卓越咖啡聯盟（Alliance for Coffee Excellence, Inc），寶霖是組織的 11 位全球理事之一；我們這個大家庭的成員包括了世界各地最厲害也最用心的烘豆師與零售商，還有優質的咖啡農，甚至一些為聯盟提供贊助的個人。每次競賽的冠軍咖啡出爐，我們這些咖啡人除了興奮雀躍，也會持續關注，這世界上到底還有哪些絕妙的咖啡風味尚待發掘呢！

卓越咖啡組織　創辦人
蘇西・史賓德勒（Susie Spindler）

尋豆師，
可以掌握尋找風味的主動權

　　當初《尋豆師》一書出版後，有不少讀者透過臉書與微信訊息提問，問題涵蓋了莊園評價、處理法疑惑、品種特性等，其中一位表示：若我無法到產區尋豆，只能找供應商進貨，但生豆商的資訊讓人眼花撩亂，知名度高的莊園就可信賴嗎？該如何為選豆做判斷？

　　這問題看似普通，卻點出在咖啡行業生豆採購方面的關鍵：現今不論是供應商提供、或在網路上主動搜尋，烘豆師與採購者都得面對排山倒海而來的爆炸資訊，多數人確實無法年復一年到產豆國，除了拿到樣品杯測之外，到底好口碑莊園、知名品牌豆、明星品種是否真的值得買？尤其在競標下價格越抬越高的豆子，真的有其性價比？

　　當初在策劃《尋豆師》一書時，我與編輯原本想的是一書兩冊的規劃，先寫中南美洲再寫非洲，咖啡產豆國著實太多，一本書的篇幅難以乘載，而第一本先從中南美洲與國際評審的杯測筆記下手，主要是因為中南美洲的精品咖啡多以莊園為體系，部分國家也較為發達，尋豆難度較低，只要精熟杯測、找到品質良好豆源與可信賴的莊園主人，建立長期採購關係的把握就十有八九。

　　到了《尋豆師2》，我們要到尋豆難度更高的非洲，對尋豆師而言，除了路途更顛簸外，更難的是與中南美洲全然迥異的產豆體系：四處分散的小咖啡農、不善小批次交易的處理場、

更為複雜的品種譜系。但無論如何，咖啡源起自非洲，自是尋豆師眼中的聖地錫安，也是尋豆更上一層樓的必經之所。

前往中南美洲莊園尋豆，常見以下模式：

風塵僕僕由公路轉往莊園的山徑，檢視咖啡樹與果實情況，並與工頭察看櫻桃果的摘採顏色、熟度、至水洗區查看去果膠、發酵槽情況，杯測新採收季仍稚嫩的批次，細論調整發酵時間與處理的可行性，話題還包括 solar room（透明遮棚的日曬房，常見於中美洲和哥倫比亞等產豆國）對品質的提升，殷勤的園主以現做的墨西哥玉米餅搭配院子栽種的新鮮蔬果，分享不同品種與改變部分處理法程序對風味的影響等等，話題無限延展，午後，鄰近另一位熱誠的咖啡農正等著呢！

非洲，很不一樣，尋豆者面對的場景則是：

一、無熟悉的中南美洲莊園系統。

二、果實採摘後，挑戰就接踵而來，處理與後勤系統不太可靠，很多問題需要逐一被解決。

三、市場對品質的預期與咖啡農的習慣落差極大，誘因要夠大且拿得到，要習慣不厭其煩的重複溝通過程。

但如能克服上述困境與挑戰，咖啡是絕對甜美的。東非洲高品質的花香與明亮變化的風味，品質與售價的比較，其他產區難與比擬，非洲的確是尋豆者的藏寶地！

也因此，在撰寫《尋豆師 2》時，我希望能幫助讀者釐清兩個領域：一、非洲四大產豆國的產區概述、產銷體系、品種分類等；二、要如何看待近年來風起雲湧的新式處理法、價格炒到頂天的品牌生豆、以及越來越刁鑽的新品種？

不論是個人尋豆或團隊採購，唯有了解生豆品質與產區的第一手正確知識、才能面對各種新浪潮，選擇適合自己的選豆

決策。

　　本書的第一部將帶大家到精品咖啡的源頭——非洲4國。非洲不僅是咖啡的發源地，更有眾多的飽滿、優雅、多變、攝人心魂的美妙滋味等待探索。而且非洲早就經歷病蟲害與天候的衝擊，已有應戰經驗並陸續採行對策來面對持續的攻擊，這或許是其他產豆國應付氣候衝擊與病害危機的良方解藥。

　　非洲尋豆的資訊一向較少，平均每戶小農種植不到兩百棵咖啡樹、採收後製處理的設備簡陋，而地區水洗場或合作社具有龐大的影響力。我將分享因擔任卓越盃評審與每年尋豆任務、因而頻頻造訪的衣索匹亞、肯亞、蒲隆地、盧安達等非洲四國之實際體驗，希望有助於尋豆師們找到好香氣與風味、且價格宜人的好咖啡，深度了解這全人類的咖啡源頭寶藏。

　　在前一本《尋豆師》中，我詳細介紹了國際評審的杯測技法，但其實對尋豆師來說，**杯測只是基本能力，挑豆的決策才是關鍵**。尋豆師們最好可以建立屬於自己的選豆模式，我會以各種選豆方式輔以說明並舉著名的案例，讓你在選豆前能將情報分類，並仔細分析適合的品質後再下手，手握自己選豆風格的主動權，而非只是被動接受生豆商的推銷。

　　人人都喜歡優異出眾的風味，若配合的農園能年復一年供給好豆，雙方的長期直接採購關係固然可建立良性循環，但產出優質咖啡的因素很複雜，除了咖啡農努力不怠與細心的後製外，當地風土、栽種品種與處理法是3大主因。風土尤指農園地塊的獨特性，品種與處理法更是果農與尋豆者永不厭倦的話題，分析挑豆策略後，闡述影響風味至鉅的品種與處理法，也是本書第二部的重中之重。

　　尤其2018起，極端氣候對品種考驗更顯嚴峻，巴拿馬瑰夏

種（Geisha）減產 40%，先前葉銹病襲捲中美洲，病害侵襲與連年產量下滑的雙重因素下，波旁與鐵皮卡的風味已不如剛踏出非洲時般強勁與美味！現今莊園主人在面對氣候變遷與病蟲害的侵襲，紛紛思考著是否該變更栽種的品種？與品種息息相關的處理法也推陳出新，該追隨嘗試新的處理法嗎？

近 10 年來 90+（Ninety plus）的崛起，以及 2015 年的世界咖啡大師冠軍沙夏賽斯提（Sasa Sestic）所創建的「產區計劃（Project Origin）」，不僅為精品品牌生豆開出一條新路，師法紅酒等領域加以精進的新式後製處理，例如柴火乾燥、二氧化碳浸漬等方式，或是已經被各產地使用的酵素（發酵）技法的變化，這些都是新一代尋豆師除卻產區與風土之外，必須做的新功課。

本書將整合我在產區現場與國際活動的經歷，提出「品種的衝擊與處理法潮流」的論述，我常用這架構與觀念，在混沌如迷霧的市場氛圍中，挖掘較清晰的輪廓，找出品種、處理法與最終風味的重大關聯，並以此與生產者交換意見，提出資訊與觀察交換市場情報，能夠與咖啡農討論選種與處理法，才能更深入掌握風味品質，確保雙方持續的交易關係。

「精品與商業豆不是只有好喝的差異，由細微的生產背景到桌上這杯咖啡，精品咖啡有說不完、道不盡的感人情節，精采故事往往讓顧客願意主動與咖啡產業鏈連接！這也是精品與商業咖啡的區隔！」

——筆者 2018 在奈洛比與北歐團隊的對話

PART I
尋豆師的神秘聖地，
非洲4大精品產豆國

一、衣索匹亞
- Ethiopia - 咖啡最古老的基因寶庫

二、肯亞

- *Kenya* - 風味傲世的史考特28！

Contents

三、盧安達
- *Rwanda* - 從咖啡小國到精品大國的咖啡中興之路

四、蒲隆地
- *Burundi* - 來自非洲之心的恩弓馬咖啡

PART II
國際評審的選豆心法
與趨勢觀察

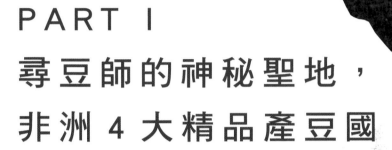

PART I
尋豆師的神秘聖地，
非洲 4 大精品產豆國

咖啡最古老的基因寶庫

衣索匹亞

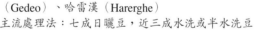
Ethiopia

如果全世界的咖啡產區只能選一個,我會毫不保留的挑衣索匹亞!

—— Yirga Alam Round Table Meeting,2006

首都:阿迪斯阿巴巴(Addis Ababa)

咖啡產量:全球第 5 大,非洲第 1 大

咖啡出口量:平均約 350 萬袋(60 公斤 / 袋)

主產區的平均海拔:1,300 ~ 1,800 公尺(但尋找上佳的耶尬雪菲豆得往 2,000 公尺以上的區域)

產咖啡豆的省分:珈法(Keffa)、西達摩(Sidamo)、伊魯巴柏(Ilubabor)、瓦列加(Wellega)、葛迪歐(Gedeo)、哈雷漢(Harerghe)

主流處法:七成日曬豆,近三成水洗或半水洗豆

對咖啡史有大略了解的讀者都知道，衣索匹亞不但是咖啡的發源地，也是尋豆師眼中的聖地、咖啡基因的寶庫，衣索匹亞誕生的千千萬萬咖啡樹種中，僅就「鐵皮卡（Typica）」與「波旁（Bourbon）」在世界各地開枝散葉，即成就了全球欣欣向榮的精品咖啡產業。

1931 年，一個被挑選為測試研究用的地方品種，輾轉被送到肯亞、烏干達、坦桑尼亞，又遠渡重洋到哥斯大黎加的農業品種試驗所，並在 1963 年被唐・帕契先生（Don Pachi Serracin）帶到巴拿馬栽種，但採收後測試風味卻令人大失所望，只得到 Poor cup quality 的差評。

但隨著此一樹種在巴拿馬落地生根後，便有部分往更高海拔處扎根，終於在 2004 年的「最佳巴拿馬競賽（Best Of Panama，簡稱 B.O.P）」一展芳華，隨後這個被外界稱為瑰夏種（Geisha）的新銳咖啡品種，不斷打破競標價格的紀錄，時至今日，已成為全球最貴的咖啡之一。

世界咖啡研究組織無法觸及的秘境

僅僅一個因緣際會流傳到異國的品種，即可創下傳奇身價，也無怪乎早年衣索匹亞政府任由各國研究專家拿種取樣，如今卻嚴禁任何咖啡品種出口或基因採樣，任何的研究工作都必須獲得中央政府許可，管制森嚴！

至今仍有成千上萬優異的品種，散佈於衣國各地的天然原始林及咖啡庭園中，這裡是阿拉比卡種（Arabica）無價的基因寶庫；衣索匹亞人不僅以咖啡母國為傲，同時也是非洲唯一未被殖民過的國度！是故迄今，世界咖啡研究組織 （World Coffee

Research ，WCR）仍無法取得衣索匹亞政府的首肯進入基因寶庫大展身手，只能在外圍的南蘇丹和剛果一帶取種研發。

除了堪稱是無價的品種庫，衣索匹亞咖啡的滋味美妙而豐富、變化多端，風味的深度、寬度、廣度舉世無敵！郭台銘先生曾說，阿里山神木之所以巨大，4000 年前種籽掉到土裡時就決定了，或許數千年前，造物者決定把這些咖啡種籽撒在衣索匹亞時，就已預知此地才是保存美妙滋味的最佳國境！

衣索匹亞是東非洲的內陸大國，人口數已達 1 億，土地面積約為加州的三倍，擁有豐富的地形與地貌。如果由高空鳥瞰衣索匹亞，可清晰看到東非洲大裂谷（地塹）穿越其中，形成隆起的高山縱谷與連串的湖泊地形，包括東端的酷熱沙漠與西南部瑰夏種起源地的叢林地帶，縱谷高海拔山區則是該國的咖啡帶。

由於國土廣大地形各異，衣索匹亞擁有 80 多種不同的語言與各區獨特的文化。官方語言是屬於閃語的阿姆哈拉語，也是該國通用語，但在農村多數人仍講部落語，所幸多數大城與年輕受高等教育者都可用英語溝通。

必飲三巡，獨一無二的咖啡禮儀

衣索匹亞不僅是阿拉伯種咖啡發源地，也是世界上最古老的咖啡飲用國，每年生產的咖啡總量中有 50% 用於當地消費。也因為深厚的淵源，衣國特有的咖啡禮儀也非常引人入勝，在首都阿迪斯阿巴巴（Addis Ababa）的飯店、機場，到處都有身著傳統服飾的婦女現場表演咖啡儀式並供遊客飲用。咖啡儀式「一日三巡」，也成為人際往來必備禮儀。我常說：「衣索匹

用陶盤烘焙咖啡，以木材或煮飯後的剩餘柴火作為熱源，過程中會在柴火中投入各種香料引起煙霧，除了禮儀上的象徵意義，更兼可以驅除蟲蚊，只是煙霧瀰漫，我就曾被燻得眼淚直流。

煮好後開始用小瓷杯分杯，先給年長的長輩，接著給貴賓，最後才給年幼者。

亞擁有全世界最多的烘豆師，因為家家戶戶都在烘咖啡！」像衣索匹亞這種內需市場龐大，家家戶戶自行焙炒、照三餐飲用咖啡的國度，走遍世界還看不到第二個。

　　我因前往衣索匹亞尋豆，見識到著名的「三巡咖啡儀式（Ethiopian coffee ceremony）」。圖中為孔加合作社（Konga）成員準備的迎賓咖啡：儀式由鋪墊青草開始，先烘焙生豆，接著焚燒香料、研磨豆子、燒煮咖啡。咖啡壺用的是 jebana（黑色有弧狀出口與握把，以紅黏土燒製成），負責煮咖啡的通常是

穿著傳統服飾的年輕婦女。顧名思義，咖啡會喝三巡，第一巡叫「Abol」，第二巡叫「Tona」，第三巡叫「Baraka」，佐以大量的糖或香料，沒有牛奶，通常搭配傳統的小吃。賓客若在結束第三巡之前離開，會被視為不禮貌的行為。咖啡儀式幾乎是每天都要進行的，可能是鄰里村落間聯繫友誼與討論要事必備的儀式，也可能是代表祝福賓客之意。

8 大面向，建立衣索匹亞精品豆資料庫

衣索匹亞九成以上的咖啡由小農戶生產，大型的農場只占5%，多數咖啡農栽種面積小於 1 公頃，每天所得不到 1 美元，咖啡採收由 8 月開始到隔年 1 月，其中 73% 咖啡採日曬處理，27% 是水洗與少量半水洗，水洗處理的價格比日曬平均高出兩成。

衣索匹亞從 550 ～ 2,750 公尺都可種植咖啡，但主產區的海拔高度平均介於 1,300 ～ 1,800 公尺之間，平均溫度在攝氏 15 度到 25 度間，土壤肥沃鬆軟，咖啡樹的根部可達到 1.5 公尺深。產區以東非帶裂谷（地塹）分為兩側，集中於南方諸州邦區與歐諾米亞區，95% 的咖啡產自以下 7 個行政省分：珈法（Keffa）、西達摩（Sidamo）、伊魯巴柏（Ilubabor）、瓦列加（Wellega）、葛迪歐（Gedeo）、哈雷漢（Harerghe）。

而從衣國各區生產的代表豆分佈來看，則分別是吉瑪（產自歐諾米亞與南方諸州 Oromia 和 SNNPR）、西達摩（南方諸州）、耶尬雪菲（Yirgacheffe 屬西達摩省）、哈拉（歐諾米亞區），這 4 款代表豆占出口總量的七成。

想要深入了解衣索匹亞龐大又多元的咖啡族譜，必須有耐心有對策，由 2006 年迄今，我多次走訪這個國度尋豆，逐步梳

理並據以建構成我的衣索匹亞豆資料庫，讀者或可依照以下 8 大面向循序照步驟認識這個咖啡大國——

步驟 1 產區
步驟 2 品種輪廓
步驟 3 栽種
步驟 4 處理
步驟 5 生豆分級
步驟 6 採購流程
步驟 7 尋豆案例
步驟 8 重大資訊更新

衣索匹亞咖啡豆的出口需求遍佈各大洲

出口國家排名	噸（MT）	銷售額（美元）	百分比
1 德國	40,680	130,970,587	20 %
2 沙烏地阿拉伯	37,340	113,934,887	18 %
3 日本	18,489	57,486,113	9 %
4 美國	17,870	94,974,207	9 %
5 比利時	14,213	57,033,315	7 %
6 法國	12,598	35,139,926	6 %
7 韓國	9,467	41,480,264	5 %
8 蘇丹	8,726	17,909,628	4 %
9 義大利	8,353	34,881,581	4 %
10 英國	4,789	25,006,463	2 %

（此為 2016 資料）

產區面面觀：沒有尋豆師敢自稱精通衣國所有產區！

　　衣索匹亞的咖啡產量高居全球第五與非洲第一，但果農主要的交易方式卻是銷售新鮮果實，以致國際市場的生豆價不易與前端的產區連結，果農的收入並無法提高，衣國政府為改變此不公平現象，導入了衣索匹亞農產品交易中心（Ethiopian Commodity Exchange，簡稱 ECX），將傳統咖啡產區劃分為更細的「交易產區制」，買家得熟悉這項交易機制與交易系統下的產區名稱，才有可能在茫茫豆海中發掘出好豆。

　　產區可說是一門易懂難精的功課，在我十餘年來的非洲尋豆經驗中，即使常碰到出口商自誇「可供應任何一產區的咖啡」，但我卻從沒遇過任何一位自稱精通衣索匹亞所有產區的專家。何解？舉例而言，光是西達摩一區就有超過數百個水洗場，在同一產季內遍訪、記錄、測試所有樣品，幾乎是不可能的任務。

　　況且，買了西達摩難道不買最出名的耶尬雪菲嗎？尋豆師除非鎖定購買特定區域內的咖啡，否則很難精熟該產區，大多數更精細的資訊來自衣索匹亞的生豆採購者，他們有自己的路徑與採購模式，想在此地建立起一套自己的供應管道，沒有三五年無法畢其功！

　　二十多年前，大家談論或買賣衣索匹亞產區豆，皆以傳統的哈拉、吉瑪、耶尬雪菲、西達摩等產區名稱為主，輔以處理法來與出口商溝通與交易，各區的風味是對主要產區的基本認識，如：哈拉區的酒香藍莓、耶尬雪菲的茉莉花與檸檬感、吉瑪的甜堅果與水果調、西達摩的橘子與含蓄花香、古籍的清新白花與果汁感、金比與列坎普地的淡雅果香與細緻觸感等等。

　　但當精品咖啡的風潮吹進衣索匹亞後，水洗場（處理場）、

合作社、小行政區（城鎮或村落）、採收批次與編碼等，逐漸成為產區說明的必要資訊，尋豆師不再滿足於大產區名稱，更多的次產區名稱躍上檯面，以耶尬雪菲來說，還分科契爾（Kochere）與偉那夠（Wenago）等小產區，2008 年 ECX 成立之後，將傳統區域、新興產區與各地倉儲集散中心等資訊，重新編訂了合約交易地與產區（Coffee Contract ／ Origin）的分類，也就是說合約地所涵蓋的小產區、表定區域與咖啡實際生產地必須連結，提供資料還包括後處理與儲存所在地。

　　現今衣索匹亞官方與從事咖啡產業的農民、處理場、產業人士，都了解好咖啡可賣好價格，例如古籍區與阿希山西脈區的興起，都是因以上資訊逐步透明的原因而炙手可熱，ECX 的合約分類包括「商業咖啡」、「精品咖啡」與「當地規格」3 大類，尤以精品的分類最細、品質規範最嚴謹。而 ECX 新增區域已逐漸吸引買家到訪，深入衣索匹亞前了解傳統產區與 ECX 合約產域的分別，非常有其必要性！

哈瑪合作社社員集會，發放糖果給小朋友。

尋豆筆記

到底哪種產區名稱才正確？

衣索匹亞的阿姆哈拉語（Amharic）與西方主流的羅馬字母不同，且當地對翻譯成英語的詞彙沒有一致的音譯國際標準，這代表在衣索匹亞會看到許多不同拼法的地名，例如全球知名的咖啡區耶尬雪菲（亦有譯為耶加雪夫）就有以下多種拼法：Yirgacheffe／Yirgachefe／Yergacheffe／Yerga Chefe 等，這是當地人將發音以羅馬字母拼出的結果，而非拼法的錯誤。

除了耶尬雪菲外，再例如吉瑪的拼法有 Djim、Jimma、Jima；西達摩則多拼成 Sidama 或 Sidamo；阿瓦薩拼成 Awassa 或 Hawassa；列坎普地則有 Nekempti、Nekempt、Lekempti、Lekempt 等多種拼法。

以下為衣索匹亞主要產區的常見拼法：

西達摩 Sidamo	耶尬雪菲 Yirgacheffe	古籍 Guji
哈拉 Harrar	立姆 Limu	吉瑪 Djimma
列坎普地 Lekempti	瓦列加 Wallega	金比 Gimbi

西達摩區合作社工作人員接收果實秤重。

西達摩區農民與採收的果實，正運往水洗場。

尋豆師要認識的 ECX 大小產區

　　ECX 於 2015 年開始將衣索匹亞的精品咖啡水洗再細分為 25 個類別，其分法依據是以生產區域為主，但有時亦包括風味種類，例如「傳統耶尬雪菲風味」為 Yirgacheffe A，「非傳統耶尬雪菲風味」為 Yirgacheffe B，再按照品質分為 Q1 與 Q2 兩個等級。

　　再以西達摩區為例，5 大區各有次產區，例如 A 區又可細分 6 個次產區。其餘各區的次產區詳列如下：

西達摩的分區	次產區	集貨地
A 區（Sidamo A）	Borena、Benssa、Chire、Bona Zuria、Arroressa、Arbigona	哈瓦薩（Hawassa）
B 區（Sidamo B）	Aleta Wendo、Dale、Chuko、Dara、Shebedino、Wensho、Loko Abaya、Amaro、Dilla Zuria	哈瓦薩（Hawassa）
C 區（Sidamo C）	Kembata&Timbaro、Wellayta	Soddo
D 區（Sidamo D）	West Arsi（Nansebo）、Arsi（Chole）、Bale	哈瓦薩（Hawassa）
E 區（Sidamo E）	South Omo、Gamogoffa	Soddo

　　當某區水洗場數量變多且生豆交易量日增，ECX 會另闢為一區，例如古籍區，即是近年才由西達摩 A 區分出的新區。3 年來我由古籍區採購不少極優批次，在還未成為獨立產區之前，

它的豆子對外都以西達摩或耶尬雪菲為名，其實都無法代表該區的區域特色，將古籍區獨立出來，不但是還本區農民一個公道，也讓國際買家了解，衣索匹亞還有上百個小產區值得前往尋豆！

*2010年ECX的交易產區地圖

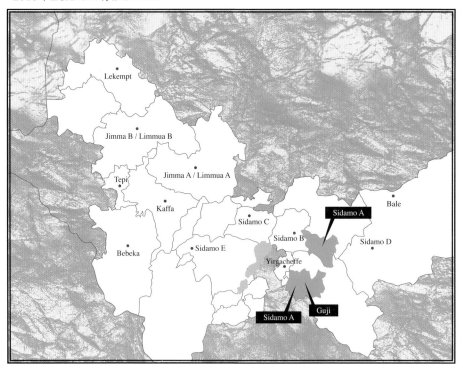

當時古籍（Guji）仍列在西達摩A區。

ECX COFFEE CONTRACTS

1. CONTRACT CLASSIFICATIONS AND DELIVERY CENTRES

1.1. EXPORT - SPECIALTY – WASHED

Coffee Contract	Origin (Woreda or Zone)	Symbol	Grades	Delivery Centre
YIRGACHEFE A*	Yirgachefe	WYCA	Q1, Q2	Dilla
WENAGO A*	Wenago	WWNA	Q1,Q2	Dilla
KOCHERE A*	Kochere	WKCA	Q1,Q2	Dilla
GELENA ABAYA A*	Gelena/Abaya	WGAA	Q1,Q2	Dilla
YIRGACHEFE B**	Yirgachefe	WYCB	Q1,Q2	Dilla
WENAGO B**	Wenago	WWNB	Q1,Q2	Dilla
KOCHERE B**	Kochere	WKCB	Q1,Q2	Dilla
GELENA ABAYA B**	Gelena/Abaya	WGAB	Q1,Q2	Dilla
GUJI	Oddo Shakiso, Addola Redi, Uraga, Kercha, Bule Hora	WGJ	Q1,Q2	Hawassa
SIDAMA A	Borena(except Gelena/Abaya), Benssa, Chire, Bona zuria, Arroressa, Arbigona	WSDA	Q1,Q2	Hawassa
SIDAMA B	Aleta Wendo, Dale, Chuko, Dara, Shebedino, Wensho, Loko Abaya, Amaro, Dilla zuria	WSDB	Q1,Q2	Hawassa
SIDAMA C	Kembata &Timbaro, Wollaita	WSDC	Q1,Q2	Soddo
SIDAMA D	West Arsi (Nansebo), Arsi (Chole), Bale	WSDD	Q1,Q2	Hawassa
SIDAMA E	S.Ari, N.Ari, Melo, Denba gofa, Geze gofa, Arbaminch zuria, Basketo, Derashe, Konso, Konta, Gena bosa, Esera	WSDE	Q1,Q2	Soddo
LIMMU A	Limmu Seka, Limmu Kossa, Manna, Gomma, Gummay, Seka Chekoressa, Kersa, Shebe,Gera	WLMA	Q1,Q2	Jimma
LIMMU B	Bedelle, Noppa, Chorra, Yayo, Alle, didu, Dedessa,	WLMB	Q1,Q2	Bedelle
KAFFA	Gimbo, Gewata, Chena, Tilo, Bita, Cheta, Gesha	WKF	Q1,Q2	Bonga
GODERE	Mezenger(Godere)	WGD	Q1,Q2	Bonga
YEKI	Yeki	WYK	Q1,Q2	Bonga
ANDERACHA	Anderacha	WAN	Q1,Q2	Bonga
BENCH MAJI	Sheko, S.Bench, N.Bench, Gura ferda, Bero	WBM	Q1, Q2	Bonga
BEBEKA	Bebeka	WBB	Q1, Q2	Bonga
KELEM WELEGA	Kelem Wollega	WKW	Q1, Q2	Gimbi
EAST WELLEGA	East Wollega	WEW	Q1, Q2	Gimbi
GIMBI	West Wollega	WGM	Q1, Q2	Gimbi

Note:

- A* is coffee having Yirgachefe flavor and B** is coffee lacking Yirgachefe flavor
- All grades can have under screen (US) for both washed and unwashed coffee and the symbol "US" will be pre fixed by the grade symbol
- All grades can have Semi Washed coffee and the symbol "SW" will replace the prefix "W" for washed coffee.

ECX 咖啡採購合約書《水洗精品級合約 / 產區 / 級數 / 代碼 說明書》。（資料來源：ECX 交易所）

聞名全球的耶尬雪菲，產區細分化

耶尬雪菲在行政劃分上屬於衣國南部西達摩的一部分，其水洗豆的精緻風味聞名全球，本區被 ECX 細分為 4 個微型區域。大部分咖啡都生長在 1,800 ～ 2,000 公尺以上。耶尬雪菲區因為長年墾殖，森林面積逐漸減少，屬於人口稠密區，主要栽的模式仍以庭園栽植為主，該地區有 40 個合作社，約 6 萬農民與近 7 萬公頃的咖啡栽種地。2006 年迄今，我拜訪過近 20 個合作社與其處理場，近年來蓬勃發展的私人水洗場成為精品咖啡的重要催化角色，例如開始製作蜜處理或客製化微量批次，相較之下，合作社的發展進程較私人水洗場緩慢許多。

隨著耶尬雪菲越來越熱門，ECX 也在近年開始將產區細分化，早年科契爾區的咖啡僅以「耶尬雪菲」名稱販售，如今以科契爾區之名銷售，歐舍直接採購且得到許多好評的哈瑪（Hama），其實就在科契爾區，該區已成為非常重要的水洗產

作者於耶尬雪菲柯蕾水洗場。

柯蕾水洗場的蜜處理棚架。

區。近年更在耶尬雪菲區新增「偉那夠 A」與「偉那夠 B」，並另增 Gelena Abaya A、Gelana、Gelena Abaya B，顯示交易產區細分已是大勢所趨。隨著更多的水洗場設置於科契爾區的歌迪爾（Gedeo），未來極有可能在科契爾東南方再分出新的合約交易產區。

*耶尬雪菲產區圖

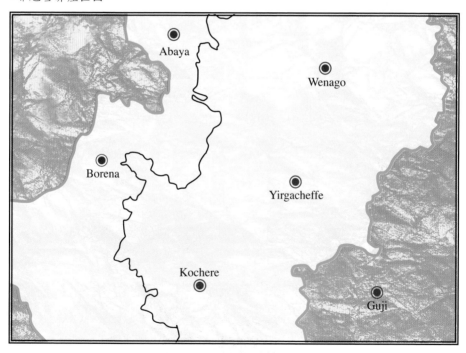

品種輪廓：原始種&研究中心供應種

　　衣索匹亞常見的品種來源分兩大系列：當地原始種（Regional Land Race Variety）和吉瑪中心釋出種（JARC Released Variety）。雖然衣索匹亞當地咖啡農把咖啡稱為「布娜（Buna）」，但 Buna 並非品種名，只單純代表咖啡之意。也因為缺乏詳盡的品種名稱，各國豆商習慣以「傳統種 Heirloom」泛稱衣索匹亞品種。世人所熟知的「波旁」與「鐵皮卡」兩大品種系列名，在當地被當作是咖啡樹屬綠芽還是銅芽的表徵，並非正式品種命名。各地農戶的種籽多來自當地育種者，育種者的第一代種籽通常來自山區原始林，取強壯且收穫量高的樹種，這就是「當地原始種」的由來，這些原始品種，多以當地語言稱之。而另一大類品種類型則來吉瑪研究中心（JARC）的供應種。細究各地品種名稱，有來自地名、人名、樹名等，以下介紹常見的品種：

一、當地原始種（Regional Land Race Variety）

西達摩／耶尬雪菲區
答加（Dega）、瓦立休（Wolisho）、庫魯麥（Kurume）

哈拉給／哈拉區
辛給（Shinkyi）、阿巴則（Abadir）、葛拉洽（Guracha）

西區與西南區
珊帝（Sinde）、葛圖（Gotu）、庫布立（Kuburi）、咪亞（Mia）

二、吉瑪中心釋出良種（JARC Released Variety）：74110、74112、74148、74158

　　該中心分別於 1974 年與 1975 年釋放的 13 個可對抗炭疽病的改良品種，品種名稱僅有數字編碼，例如 74110、74112、74148、74158，以上 4 個釋放種，是從默圖區（Metu）採集的原生種，經過研究分析證實有抗病性後，釋出種籽給各區農民，前兩位數「74」表示是 1974 年釋放該品種。

　　下表中以編碼 01 至 03 的 3 個品種來說，分別於 1997 與 2002 年間釋出，適合栽種在中高海拔，屬中高產能的品種；編碼 4 至 6 的 EIAR50-CH、Melko-Ibsitu、Tepi-CH5 較適合栽種於低海拔，但產量更高，屬於更耐旱的品種。

編號	品種名	釋出年分	產能 (公斤 / 公頃)	海拔區間（公尺）
01	Ababuna	1997	2380	1,500-1,752
02	Melko CH2	1997	2400	1,500-1,752
03	Gawe	2002	2610	1,500-1,752
04	EIAR50-CH	2016	2650	1,000-1,752
05	Melko-Ibsitu	2016	2490	1,000-1,752
06	Tepi-CH5	2016	2340	1,000-1,752

　　吉瑪研究中心專研咖啡品種逾 40 年，陸續研發出可抗葉鏽病的品種群，因應精品咖啡興起，JARC 在 2002 年推出「在地強種專案（Local Landrace Development Program，簡稱 LLDP）」，選出適應各產區且高品質的優良品種，專家稱為「JARC 精品種」系列，著名的品種包括：

哈拉爾區
哈魯莎（Harusa）、摩卡（Mocha）、慕圖（Bultum）

西達摩與耶尬雪菲區
柯提（Koti）、歐迪洽（Odicha）、安尬發（Angafa）（如下圖）、發雅提（Fayate）

瓦列加區
Wallega的珊蒂（Sende）、恰拉（Challa）、瑪拉希姆（Manasibu）

給拉區（Gera）
霧溪霧溪（Wush Wush）、雅契（Yachi）

耶尬雪菲區的安尬發品種。

栽種：衣索匹亞種植咖啡的 6 大模式

　　衣索匹亞的栽種模式複雜，從原始林內野生咖啡，到強烈對比的全日照，通常是根據咖啡的遮蔭程度來區分兩大栽種環境，第一類是森林地區有遮蔭樹的環境（全遮蔭或半遮蔭），第二類型是直接在全日照的環境下生長（如哈拉地區），兩大環境下合計有 6 種栽種模式：

　　一、森林遮蔭咖啡（Forest shade）：又分為森林內生長或半遮蔭（forest cof-fee and semi-forest coffee）兩種，前者屬於全遮蔭，人工特意選址栽種或傳統的野生咖啡樹都有。但野生咖啡樹通常乏人照顧，自然生長於森林裡，果實成熟後會有鄰近的居民跑來採收賣錢。如果是人為栽種，則會在接近森林的環境中種植，通常咖啡樹周邊還會栽種有經濟價值的遮蔭樹，大多數是可外賣或供自家食用的果樹。半遮蔭環境周邊的樹林較少，會多種一些咖啡樹，居民也會大略整理雜草、做基礎管理，多少可提高生產量。

　　二、全日照咖啡（Sun Coffee）：咖啡樹周邊無森林或栽種遮蔭樹，日照咖啡通常屬庭園式的少量栽種，位於 1,700 ～ 2,000 公尺的高海拔區域，尤其哈拉地區居多。

　　三、庭園栽種咖啡（Coffee gardens）：顧名思義是栽種在靠近居家之處，通常每戶僅百棵果樹，且多與其他可採收的農作物混合栽種，採收的農作物與咖啡果實，可自取食用或到市場銷售來補貼收入，半遮蔭或是全日曬都有。

　　四、林間栽種模式（Agroforestry systems）：面積多數為 1/4 公頃，採當地傳統樹種或果樹作為遮蔭樹，以遮蔭或半遮蔭栽種，多為專業咖啡農，尤其西達摩與耶尬雪菲名氣最大。

五、私人莊園或商業栽植區塊（Coffee farms/plots）：私人（或企業）擁有的專屬莊園或生產區塊，經政府單核准者擁有直接銷售的許可，面積通常在 10 公頃以上。

六、大型專業咖啡場（Coffee plantations）：栽種面積多為 50 公頃以上。

主流處理法：水洗豆與日曬豆的實況

衣國多數產區皆可找到水洗豆，即使是哈拉、西達摩與吉瑪等以傳統日曬法聞名的產區，在能穩定取得水源的地方，也可以發現兩種處理法並存。

先來看看水洗法。衣索匹亞的水洗豆皆於處理場集中進行，大多是以碟式機先去掉果皮與部分果肉、再放置於發酵槽內發酵的傳統水洗法。

攝於吉瑪區水洗場。

衣索匹亞處理法

水洗法的關鍵流程

水洗場工人在接收果實後，先將果實倒入接收槽，（如果是日曬法會將果實置入類似大澡盆的藍色水槽預浸，去掉較輕的果實或是雜物）。

成熟果實送入碟式去皮機，機器通常以 3 個或 5 個可調整間距的碟片（Agarde）構成，果實由上方或前端倒入，經過碟片研磨輾過即可去掉果皮與多數果肉，藉由碟片間距的控制，可避免果殼（羊皮層）破裂。

經過去皮機去皮的果實即成為帶殼豆，表面仍有黏質層，會依密度導入不同的發酵槽；接著進行 48 ～ 72 小時靜置於水下的沉水發酵。

1.

發酵槽與周邊設施。

2.

發酵完成後，導入靜置槽，注入淨水放置約 4 ～ 8 小時（依環境與作業狀況調整置放槽內時間）。

3.

靜置後的帶殼豆藉由水流與清洗渠道，以人工進行反復刷洗。清洗渠道的設計，會以帶殼豆的密度來區分良莠，浮在水上的屬密度低、重量較輕的次級品，會被汰除進入另一個收集渠道。圖為工人正在渠道刷洗殘留的黏質，帶殼豆因密度不同而流入不同接收槽。

水洗法的關鍵流程

4.

5.

接著進行瀝水的動作。由集中槽將帶殼豆移至架網的棚架，讓水分盡量滴乾（skin dry），時間約 2 ～ 4 小時，待多數豆表水液滴乾即完成。圖中的棚架以大網目的鐵絲為底，可以快速讓水滴乾。

其餘果實經過刷洗會流入集中槽內，果膠層已完全脫離，由工人將槽內帶殼豆撈起進行後續乾燥工作。圖為接收槽，工人撈起洗淨的帶殼豆，以人工接力，帶往棚架乾燥。

6.

Skin dry 後移往鋪較細網目的棚架進行後續日曬。日曬的完成時間長短取決於溫度和天氣的條件，並以達到設定的含水率為日曬階段完成的指標。

一、與他國水洗法比較：水下發酵

　　衣索匹亞水洗豆的發酵法屬於水下發酵，即發酵槽內的水會淹蓋過帶殼豆，與中美洲盛行的無水甚至乾式發酵不同。水洗場在發酵結束後，將帶殼豆引進另一水槽，並放乾淨水進入槽中，浸泡約 4 ～ 8 小時之後，將豆子引入清洗通道，以流動的水加上工人用木槳推動，除再次淘汰密度不足的豆子，還會將完成刷洗後的帶殼豆引到水槽內，這與肯亞式的雙重浸漬方法並不相同；離開靜置水槽後，將豆表水分滴乾，再移到非洲棚架進行後段日曬，待含水率降至 11.5% 後，裝袋移到陰涼的倉庫儲放，等待後續脫殼分級。

　　此外，中南美洲常見、比較環保省水的去黏質機（Eco pulpers）也逐漸被衣索匹亞處理場採用，藉由機器中的離心設備，將成熟的咖啡果實由機器上方倒入，即可將果皮果肉與黏質層逐一去除掉，機器可設定保留部分比例的黏質層，中美洲多數的蜜處理都以此原理製作，最著名的是哥倫比亞 Penagos，

棚架式日曬是將表面水分滴乾後的帶殼豆直接攤在棚架上日曬，需時約 10 ～ 20 天，根據天氣情況與含水率而定。

藉此種去黏質機，處理場可以節省 1 至 2 天的發酵槽作業與時間。

水洗完成後進入渠道刷淨並滴乾，即進入乾燥階段，有棚架全日曬，或機器烘乾與日曬混合兩種方式。棚架式全日曬再細分為兩類，一是直接在棚架上攤開日曬，二是先在涼蔭處自然風乾表面水分約 1 ～ 2 小時，再進行日曬。

二、超過 70% 都用日曬處理

有 70% 以上的衣索匹亞咖啡是採日曬處理，傳統做法是咖啡農在自家庭院、屋頂甚至馬路邊簡易曝曬，處理成本遠比水洗法低廉。而水洗場或合作社處理日曬豆需要投資的人力與設施也不低，此種日曬豆多數以出口為目的。衣索匹亞喝咖啡文化盛行，個體戶式的日曬法仍以國內消費為主，長期以來，衣國日曬豆品質不均，其實與國內需求量龐大並與傳統手工粗糙式的日曬法密不可分。

水洗場與合作社處理的日曬豆品質就會可靠許多，由剛摘下的果實進行曝曬算起，所需時間甚為冗長，某些水洗與日曬並行的處理場或合作社，通常會把日曬處理放在水洗豆的尖峰產季後再開始，才能有效地分配人力與棚架所占用的時間。

雖然家庭式日曬豆是處理成本最低的，但好的日曬豆價錢並不便宜，如今買家追逐好品質日曬豆蔚為風氣，願開出較好的價錢，處理場的意願已經比往年高；但水洗場不會全面投入日曬處理法，因為日曬豆不但需要更長的製作天數，還得要求工人每日頻繁翻動，人力成本很高，加上處理中變數風險頗高，稍不小心就會引起品質異變，精品級日曬豆索價不斐，確實一分錢一分貨。

日曬天數不同（依送達日計算），其咖啡果實顏色也不同。

日曬接近完成階段的顏色。

三、日曬豆生產過程

．第一步，先篩選雜質與未熟果，僅留下好品質的果實才能生產優質日曬豆。

．第二步，有幾種做法，其一是一開始以非直接日曬方式，果實放置於略陰涼處風乾，先降低含水率，隔天再進行日曬，目的是避免第一天過度強烈的日照導致豆體過度變化。另一種是第一天進行頻繁的翻動且只先鋪一層果實（one layer），約第三天才鋪 3 層果實。避免豆體單一面受日照過久導致曝曬不均。

．第三步，每天定時翻動，在豆體含水率為降至 25% 之前，都需要均勻的人工翻動。

．第四步，由紅色的果實開始曝曬到含水率降為 25% 為第一階段，再持續日曬，待含水率降至 11.5 ～ 12% 之後為第二階段結束，之後將帶殼豆裝袋送至陰涼處靜置。

．第五步，送首都的乾處理場進行後段脫殼分級的乾處理並裝袋倉儲。

　　日曬法乾燥的每一階段都非常重要，製作高品質的日曬精品豆必須採薄層日曬，第一階段需要每 30 ～ 60 分鐘以人工翻動，以避免產生不愉悅的重發酵味；第二階段除了不間斷地翻動外，也要在白天中午與晚上時靜置，如遇下雨或露水時，要覆蓋膠布保持乾燥。

分級：搞懂兩種官方分級和 ECX 的新制

衣索匹亞咖啡局的分級係根據杯測與生豆兩大標準判定：

一、杯測品質（Cup-quality）：根據生豆乾淨度、產區特色、杯測風味、該豆特色來鑑定（cleanliness of the cup ／ the origin ／ taste ／ character of the coffee）。

二、生豆品質：除了杯測口感，還需根據抽樣的生豆缺點狀況，最後總和分級。

採隨機抽取 300 公克生豆來檢測，根據取樣算出的缺點數並予分級，衣索匹亞咖啡分級共分 9 級：精品等級為 G1、G2，其他級數為 G3 ～ G9，G6 後的級數僅限國內市場，ECX 成立後，針對精品豆另分 Q1 和 Q2 兩個級數。不過要注意的是，採購者在衣索匹亞其實不能只依賴 Q1 或 Q2 的官方級數，多數要倚靠實際杯測品質結果、輔以檢視生豆為主要依據。

2008 年，在美國援助總署協助下，衣索匹亞成立了國營的衣索匹亞農產品交易中心（Ethiopian Commodity Exchange）簡稱 ECX，致力於交易透明化讓農民有合理的收入，也讓政府清楚市場的流量，掌握衣國最重要的外匯收入。衣索匹亞幾乎都以小農為主，藉著在全國主要產區設 ECX 交易站，讓收價價與交易都能得到國家的保證，按規定，全國的咖啡交易都必須透過 ECX，僅有極少數私人農場或生產合作社可直接與國外買家交易。

雖說立意良善，但 ECX 的許多規範卻與國際精品買家的採購邏輯背道而馳，例如 ECX 認為，來自同一產區同一級數的生豆應該都具備可取代性，較早採收於 12 月交易的批次，與隔年 2 月的批次之間不應該有所不同，只要生豆豆體外觀、缺點屬同

（左）ECX 成立
後首度舉辦 DST
精品級拍賣會的
現場。

迪拉（Dilla）是前往耶尬雪菲前的重鎮，照片為迪拉鎮上的 ECX 交易電子看板。

一等級，同一法定標示產區就會列為相同等級的咖啡，但這樣的分級法無法將「不同批次的風味特性」考慮在內。自 2010 年起之前興盛的水洗場品牌的採購模式因而一夜消失，雖後來迫於國際壓力，ECX 勉強同意買家買下後才可查閱源頭的水洗場資料，但仍難以解決國際買家在尋豆現場碰到資訊不透明的問題。

　　幸好這項規定前年開始有了重大改變，衣索匹亞政府努力調整政策迎合趨勢，ECX 於 2017 年公佈的第 1051 號公告，讓全球的精品咖啡圈興奮起來——微量且可追溯到源頭的精品咖啡又可以直接交易了，但下單前須留意，現今雖已可直接採購咖啡，但批次備妥且留樣後，如 3 日內未獲履約，該批次仍需繳回 ECX 交易！

　　坦白說，ECX 交易模式的方向是正確的。我在迪拉（Dilla）的交易所外，親眼看到 ECX 標示與廣播的價格，輕易的讓農民可以多拿到比以前多 20% 的收入；以往在產區收購果實的掮客惡形惡狀的威嚇手段已經失效，咖啡出口占衣國 25% 的外匯收入，政府提出的改革措施對產業環境長期來說是有利的，經過微調後更有助於各國尋豆師前往找好貨。

　　買家在 ECX 平台僅能看到交易產區標示，無法辨識源頭（identity-preserved，簡稱 IP），但是對精品咖啡採購者來說，IP 卻是必備的資訊，如今咖啡出口商終於有機會向國外買家出售 IP 咖啡，國際買家通常也會支付較高價錢給能追溯源頭的優質咖啡，此一新制可達成買家與農民的雙贏，值得喝采。

尋豆筆記

ECX 運作模式與咖啡價值鏈

ECX 運作系統。左邊表示農戶、合作社、商人繳交帶殼豆到→ECX 各地區分站。區站標示初步品質與重量→回報 ECX。買家必須先在 ECX 有保證戶頭→看供應清單來下標。

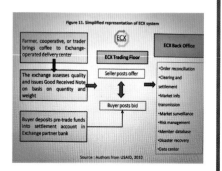

衣索匹亞整體咖啡交易價值鏈。ECX 與 Unions（大型合作社）、Commercial growers（私有農場）與 DST 的整體交易價值鏈運作流程，DST（Direct Speciallty Teade，即開放給採購精品的業者使用），所有出口咖啡都必須經過地區的 ECX 辦公室確認品質與重量，才可以安排運往首都以及之後下一步的交易動作，交易前都必須送到 CLU 去做最後的抽檢／品質鑑定，才可安排裝袋與出口。2017 的新公告，重新開放精品批次的直接銷售並標示可辨識生產源頭的 IP。

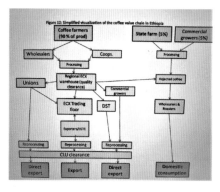

採購：買衣索匹亞精品咖啡的 7 大策略

對衣索匹亞的咖啡族譜有較全方位了解後，就進入採購流程與注意事項了。走訪衣索匹亞尋豆，通常以 7 天 1 個產區為

單位，如欲同時探訪最知名的耶尬雪菲與吉瑪兩區，至少也要12天，才有機會拜訪這兩區的重要據點，而同樣的時間在盧安達或蒲隆地幾乎可以走透全國主要水洗場了！出發前的安排很重要，在衣索匹亞尋豆，就是不斷移動與面對複雜的產區狀況。

過去11年，我把重點放在西南部諸區如吉瑪、鐵闢（Teppi）、邦加（Bonga）、立姆（Limu）、耶尬雪菲、古籍、西達摩以及一些新興區域或獨立農園，以下7點是我走訪產區的心得：

一、要高於商業豆市價採購，通常要高於合作社標示公平交易價的50%以上。

二、麻袋標示的名稱與級數不一定反映品質，不要執著於中南美洲的莊園模式，一戶咖啡農可能僅占一袋咖啡中的數百克而已，聚焦於合作社、處理場的品質較可行。必須建立水洗處理場或私有農園或中大型農場的杯測資料庫與評價，並以此做為品質源頭的標示；Q1 或 G1 的級數不一定代表高品質的精品批次，需以直接杯測鑑定為準，2017 年衣國政府解禁並允許直接交易，有利於尋找好豆。

三、要清楚自己要找的風味特徵：在衣索匹亞幾乎可找到各種風味輪廓資料上的咖啡，這點舉世罕見，尋豆師可參考 SCA 協會或是美國「反文化咖啡」公司所推出的風味輪廓圖，建立自己的採購方向。以歐舍來說，我們找的水洗豆是乾淨度與帶有甜度的明亮酸，日曬品質須有熱帶水果甜或乾淨的香料味與厚實油脂觸感。

四、採購想法要完整呈現給賣家，水洗場、咖啡農場、合作社或出口商，主事者都會想知道你最終的採購方向及數量，會讓他們決定如何配合後續的交易。

五、練習選豆而不選名氣：一切皆以盲測分數為準，歐舍

標準係以卓越盃評分 84 分為挑豆基礎，即使我們極度喜愛的哈瑪合作社，也是隨機編碼杯測，品質鑑定結束才知道是否選中。

　　六、挑選在地策略夥伴：除非買家在 ECX 登記有案可以自行出口，策略夥伴在選豆前後都很重要，好的夥伴才能協助確定生豆能在吉布地平安上船。

　　七、資訊回饋：長期建立咖啡抵達烘焙上市後的風評，將顧客評價資訊與賣家交流，有助於建立長期合作關係。

尋豆筆記

咖啡杯測品質中心與咖啡拍賣局

2008 年起，咖啡拍賣已經由 ECX 系統取代，以下照片是顯示往年傳統拍賣的方式：隸屬衣索匹亞國家農業單位的咖啡杯測品質中心（Cupping and Liquoring Unit，簡稱CLU），仍扮演重要角色。

作者在衣索匹亞國家咖啡杯測品種中心做杯測。

經過 CLU 檢測後，待競標的咖啡會提供樣品供投標商檢視。

投標現場，係以採傳統人工喊標與舉牌競標模式進行。

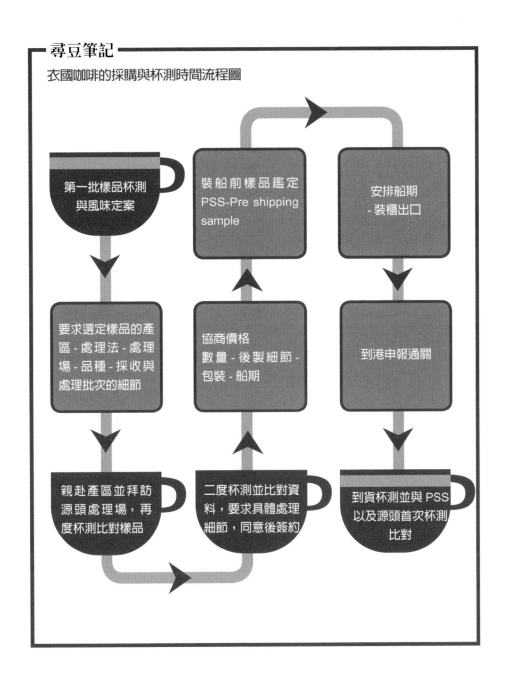

尋豆筆記

衣國咖啡的採購與杯測時間流程圖

第一批樣品杯測
與風味定案

裝船前樣品鑑定
PSS-Pre shipping
sample

安排船期
- 裝櫃出口

要求選定樣品的產
區 - 處理法 - 處理
場 - 品種 - 採收與
處理批次的細節

協商價格
數量 - 後製細節 -
包裝 - 船期

到港申報通關

親赴產區並拜訪
源頭處理場,再
度杯測比對樣品

二度杯測並比對資
料,要求具體處理
細節,同意後簽約

到貨杯測並與 PSS
以及源頭首次杯測
比對

日曬處理法。果實正進行直接曝曬，時間：第一天。

深入寶庫！
到衣國尋豆的重點行程

Ethiopia

　　《尋豆師1》的中南美洲莊園尋豆之旅，相比之下顯然是好山好水好咖啡的美好旅程，但請別把同樣的情境套用在衣索匹亞，新手碰到不愉快的事或失望透頂是家常便飯，因此我特別將歷來尋豆、採購的產區與合作社收錄在本書中，除了介紹這些合作社案例也公開杯測心得，希望對想要了解衣國咖啡的愛好者或尋豆師們有所助益。

　　我將衣國尋豆路徑分為西南段、南段與東南與東部段三種行程，西南段可以往吉瑪、鐵闢、邦加、立姆等產區；南段則有大家較熟悉的耶尬雪菲、古籍、西達摩；東南段屬阿希西脈（West Arsi），東段為哈拉（Harar）產區。一次尋豆宜深度探訪一或兩段，若想一次遍訪3大段，就得要有停留3星期以上的心理準備。以下挑選出8個尋豆案例，正是我實際探訪過的各段路線，並介紹該區合作社與我的杯測資料。

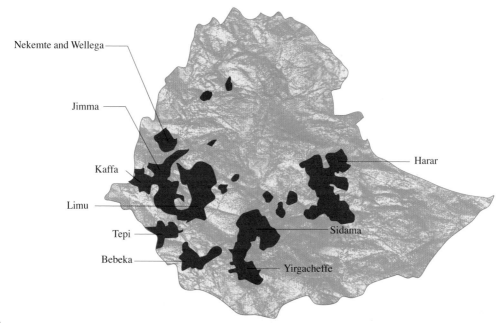

尋豆之旅 (1) 西南段：邦加的咖法森林咖啡

咖法省（Kaffa）是公認阿拉比加種咖啡的發源地，首府即是吉瑪，但如在產區分類上提到 Kaffa，則是野生咖啡的泛稱，而不是指咖法省所產的咖啡，而本區野生咖啡實際主產地是在邦加鎮（Bonga）。

由首都阿迪斯阿巴巴出發前往咖法省邦加鎮 ❶，咖法省有 90 萬人、邦加鎮則有人口 3 萬，可以將吉瑪當做據點。抵達咖法省接近黃昏，隨處可見當地政府製作大型的看板，驕傲地宣稱此地是最古老的咖啡發源地，傳說中將近千年前，牧羊童加爾第就是在附近山區牧羊，發現羊群吃了咖啡果實後興奮得以角撞擊玩耍，雖然傳說真假仍待商榷，但此一場景我在衣索匹亞尋豆時至少見過 3 次，有時羊群就在馬路中彼此鬥起來。

野生咖啡多生長在森林內，屬於森林咖啡的一種，指的是山林內乏人照料的咖啡樹，咖啡果實熟透落地又反覆生長，鄰近居民會在熟成期上山入林直接採摘或撿拾落地熟透的果實，帶回到鎮上賣給收購的掮客。

野生森林咖啡聽來浪漫，但品質落差大，原因很多，主要問題出在把關不嚴謹，通常掮客會抱怨農民沒有確實挑揀果實，因此收購價錢很低，而當地農戶往往不知道真正的收購行情，雖有不滿也只能配合，良莠不齊的果實集中進行日曬處理，控管不好品質自然堪虞，也形成野生咖啡品質不穩的惡性循環。

---

*❶ 此區皆屬 SNNP-Southern Nations，Nationalities and Peoples' Stae region，意指南方各族邦州。

唯獨成熟尖峰期的野生咖啡偶有佳作，但能不能挑到好豆全得靠運氣。

也因此，政府與非營利組織開始介入，一方面希望提升野生咖啡的品質，另一方面也因為衣索匹亞全國森林面積正大量流失中，就是因為收入太低，導致居民轉而砍林木當作免費燃料，只有讓居民能夠透過採摘野生咖啡改善生活，才能避免不當砍伐，森林與野生咖啡的保護方能步上良性循環。

早年買野生咖啡好壞純屬運氣使然，但經過多次探訪後，我仍摸索出心得，例如我現在會先在產區找採購代表或水洗場一起品質鑑定，並找能提供大批次好質量、且能提前拿到樣品杯測的合作社採購，不但有較為清晰的生產資訊，也能避免踩到雷。

我以前曾採購僅標示出口商名稱的野生咖啡，麻袋上標示資料匱乏，不過這不表示品質一定差，總之請盡量拿到同批次樣品先測再訂，才不會繳太多學費。以 2008 年我曾採購的兩批野生咖啡為例，本批次為 SCFCU 旗下的邦加鎮野生咖啡，雖符

咖法省邦加初級合作社的咖啡皆由居民入山摘取果實。圖為山區的野生咖啡樹種（Bonga Land Race coffee variety）。

咖法省孟祺拉（Kafa-Mankira）。看板處是一座簡陋的加油站，只有兩條狗、一位無聊的工作人員以及默默吃草的牛。

麻袋上清楚標示邦加日曬（Unwashed），以吉瑪為集散地，最上方的 SCFCU 代表屬於西達瑪
（Sidama）大型合作社。

合我的採購模式，但沒測樣品、無法確認品質是否達標，雖說
當年的時空環境要事先拿到樣品杯測很難，但觀察以下取得的
杯測資料約 80 分左右，尚屬精品。

野生咖啡杯測資料

■**名稱**：Koma 野生摩卡（Koma wild moka）

■**生產地**：邦加鎮（該鎮周邊依地形與海拔有 4 個原始林野生咖啡，海拔最高的是 Koma 原始林，高達 1,800 ～ 2,300 公尺，本區位於邦加西北西方約 20 公里）

■**品種**：當地野生種

杯測報告

■**乾香**：香料甜、些微薄荷香、熟果、甜瓜、堅果。

■**濕香**：油脂、甜水果、香料。

■**啜吸**：油脂佳、堅果甜、巧克力、些微的柚子酸、西瓜甜、香料、茶感、堅果。

■**風味分析**：堅果、香料、檸檬類表皮苦味。

尋豆之旅 (2) 吉瑪 ：重要集散地和研究中心

　　吉瑪（Jimma）有人也將中文翻譯成「吉馬」，但如果指的是「吉瑪咖啡」，則拼音應為 Djimmah 才正確，衣國語翻成英文並無統一的標準，因此我們在地圖或當地標示上，往往可以看到不同的字母拼法。

　　由首都阿迪斯阿巴巴前往吉瑪，資料上寫約 6 小時車程，但實際上得花 8 個小時才能到，吉瑪有國內線機場，若時程緊迫可搭小飛機。吉瑪為衣索匹亞 3 大咖啡重鎮之一，屬日曬豆重要集散地，加上前往周邊產區也必須經過此城，許多尋豆師的第一站會排在此地，接著再一一拜訪如前文提到的咖啡發源地咖法的孟祺拉（Kafe-Mankira）、瑰夏種的發源地、吉瑪咖啡研究中心（Coffee Research Center in Jimma, Melko）等地。

　　吉瑪不僅產日曬豆，也有水洗豆，前段咖法之旅提到的珈法野生咖啡（Kaffa-Bonga），也需經過吉瑪再運往首都拍賣中心與杯測管制中心。在吉瑪有相當多的合作社，亦不乏私人咖啡園與中型農場，都具備直接出口的條件。

　　吉瑪咖啡豆在國際市場的知名度很高，ECX 在吉瑪的分站非常忙碌，這裡出產與集散的咖啡曾占衣國總量的一半，足見其重要性。吉瑪周邊產區平均海拔約 1,300 ～ 1,800 公尺，商業豆居多，近年來私人農場與合作社已開始發展品質較好的 G1、G2 等級，但一般仍以 G3 ～ G5 為大宗。傳統日曬吉瑪有濃郁的熟果、酒香、粗獷的土礦味，特殊風味早已深植人心。

　　探訪前我以為吉瑪日曬豆一定會有些許白豆參雜，日曬豆也不如水洗豆乾淨，但深入了解本區後才明白這些傳統觀念不正確，只要在良好把關下，吉瑪日曬豆也有細膩香氣與絕佳乾淨度！

在離開首都阿迪斯往吉瑪後不久，即展開 off road drive
的路段，可以看到車子駛過塵土飛揚的實景。

吉瑪廣場前的街景。

立姆柯莎當地處理場的接收站。

和立姆科莎處理場的工作人員合照。

首批 DST 競標立姆尼古斯‧烈瑪的麻袋外觀。紫羅蘭花香、乾淨桃子、芒果與香草味，至今難忘。

　　許多人挑衣索匹亞的日曬豆，多選西達摩或耶尬雪菲，但深入了解日曬豆製程會發現，挑好品質遠比堅持產區重要。我近年來屢次發現兩大名產區不乏發酵味明顯、酒味過於狂野、土質刺鼻香料略重、或過熟水果味的批次，這都肇因咖啡果實採收階段缺乏仔細篩選，加上大量堆疊日曬、翻動頻率過低、天候不佳受潮霉化等種種因素影響所致，現今市場對好品質日曬豆需求逐漸升溫，在吉瑪區絕對可以找到上等的日曬批次。

　　此外，吉瑪的水洗豆也不同於耶尬雪菲，如果想買到花香柑橘等風味，仍應優先考量西達摩或耶尬雪菲，但如要挑乾淨細緻且價格相對合理，吉瑪的水洗豆可滿足需求，事實上當地合作社品質、價格逐步提升，知名的 Agaro Jimma 便以蜂蜜與桃子甜出名，價格也不見得比耶尬雪菲便宜到哪裡去呢！

　　2010 年 2 月在首都的 ECX 咖啡交易大樓，正舉辦首次的「精品直接交易（DST，Direct Specialty Trade）」競標，這是 ECX 為了彌補原交易制度不足，在國際咖啡圈呼籲下再度啟用的精品咖啡競標模式，歐舍也應邀參加這場盛會。

當時我的目標是精挑 2009 ～ 2010 年水洗與日曬批次，剛抵達首都當日便密集安排 5 場杯測後，鎖定尼古斯・烈瑪的日曬立姆 G3，此農場位於吉瑪北方的立姆柯莎（Limmu Kossa）屬於歐諾米亞區（Oromia Region），也是立姆王朝（Limmu-Ennarea）所在地，海拔約 1,800 公尺，農場主人是尼古斯・烈瑪（Mr. Niguse Lemma）。

2009 年尼古斯的收穫量是 5 噸，品質最優的日曬豆有 500 袋，依時間順序每批 250 袋共 2 批，美國生豆商「皇家咖啡」與尼古斯有深厚交情，獲悉 ECX 開放直接標購後，雙方決定測試水溫，尼古斯在競標前送來第 2 批次中的 150 袋參與首度 DST 競標，我們幾位好友在杯測後決定標下。

尋豆筆記

吉瑪農業研究中心

吉瑪農業暨咖啡研究中心（JARC），是吉瑪區及重要的研發單位，八〇年代研發推廣的品種如 75227 等，在國際間引起不少討論，尤其在防治炭疽病與葉鏽病方面著墨甚深，在 1979 與 2010 之間 JARC 就釋出了 175 噸的種籽供各區合作社與私人農場選購栽種，近年來也把品質列入配種研究中，並在 2016 年發佈針對品質提升的研究結果。反觀，中美洲近 7 年來，葉鏽病令產能喪失 20% 以上，不得不說衣索匹亞咖啡當局很有遠見。

作者與JARC中心主管攝於入口處。

鐵闢咖啡農場。我們在前往瑰夏山途中拜訪該農場。

2010 DST 競標日曬立姆 G3 資料

■**產區**：Mitto Gunnim，屬立姆柯莎行政區（Limmu Kossa，吉瑪城北方區域）

■**標示**：Ethiopia Niguse Lemma， Natural Limmu

■**級數**：日曬 G3

■**拍賣批次 1**：2010 DST auction lot（共 150 袋，歐舍分得 25 袋）

■**拍賣批次 2**：2010GFH 慈善競標批次（歐舍得標 3 袋）

■**處理法**：傳統日曬法，採高棚架精緻挑選日曬

■**採收季**：09-10，2010 Jan 精緻處理完畢

■**品種**：當地原生種

杯測報告

■**乾香**：花香、糖果、奶油、熱帶水果、桃子、香料甜。

■**濕香**：柑橘糖、黑莓、葡萄、杏桃、芒果、花香、香草植物。

■**啜吸**：甜感由熱到冷都很清晰、深色莓果、百合與紫羅蘭等花香、柑橘糖果、萊姆、杏桃、百香果、熱帶水果如芒果、香蕉與桃子、醃製乾果、香草植物、薄荷、精油、甜肉桂、奶油香、風味多變、油脂感細膩且餘味持久。

尋豆之旅 (3) 瑰夏種溯源計畫：另一種瑰夏的風味

很多咖啡圈的朋友都知道我曾到衣索匹亞的瑰夏山（Geisha Mountain）進行尋豆之旅，兩位當年同行成員後來成為國際知名大老闆——生豆品牌「90+」的創辦人喬瑟夫‧布羅德斯基（Joseph Brodsky）與栽種出冠軍豆瑰夏（另有譯名為藝伎咖啡）的巴拿馬驢子莊園（Finca La Mula）主人威廉‧布特 Williem Boot。這兩位早就醉心於瑰夏的風味，威廉更是此次探索團的發起人，他很愛誇張的形容：「一喝到瑰夏，就知道心被她偷走了！」

2006 年的 Geisha 種溯源之旅正是由威廉帶領，有趣的是成員裡有「3 個 Joe」，創立 90+ 的 Joseph、丹弗市記者 Joel Warner、以及我 Joe Hsu。在瑰夏山附近有 3 個村落，名稱發音都是 Geisha，但沒有實地拜訪採集咖啡漿果，實在無法揭開何處才是瑰夏種真正發源地的謎題，這趟瑰夏尋根之旅是按史料與學者的行程記載進行，也是 1970 年後的首支探訪隊伍。

距離本區較近的咖啡來自班其馬吉（Bench Maji），位於衣索匹亞西南方距鄰國蘇丹很近，上方不遠處即是鐵闢（Teppi），皆屬咖法省。要前往班其馬吉通常會以鐵闢為住宿與後勤補給點。

當地的鐵闢合作社聽我們說要找一鎊 24 美元的瑰夏咖啡，都一臉茫然，卻很好客的表示願意協助，因大雨阻路，我們僅能到達靠近瑰夏山的米藍（Mizan）。一路徒步跋涉進入邦加山區，雖有發現野生咖啡樹，但當地的政府官員眼見天色已近傍晚，一直催促我們返回，後來才知道他已經聽到獅子低沉的吼聲，這一帶山民常有與獅子正面遭遇的經驗！雖然此行未抵達

照片中的人物包括衣國鼎鼎有名的咖啡專家阿貝那（左二）、K.C. O'Keefe（左四）與 KC 的太太（左三）、90+ 創辦人喬瑟夫（右三）、當地合作社經理、筆者（右一）。

瑰夏尋根之旅沿途艱難的路徑。

目的地，沿途物質條件欠缺，找不到適當投宿飯店與果腹的食物，山路泥濘，幾乎每個人都先後滑倒過，但全程無人抱怨。此行喬瑟夫帶有一名攝影師助手全程拍下尋豆過程，可見在當時，他就已經在為創立 90+ 的事業作準備了。

2006 年，亦是「Geisha 尋根之旅」的隔年，我收到由美國國際開發總署 USAID 成立的「2007 Lingo 小學專案」，目的是幫咖啡農成立小學，讓孩童有機會接受教育；並出動農業專家改善咖啡品質，學校雖簡陋但孩子們很開心。專案結束後，學校被迫關閉，瑰夏莊園主人 Gashaw Kinfe Desta 決定自己籌措經費，讓學生持續就讀；2009 年我獲悉美國「皇家咖啡」的馬克思（Max）打算資助這個計畫，加上 Geisha 之旅的情感因素，於是也決定參與專案採購該莊園咖啡，作為在本區瑰夏種未被證實前的採購替代方案。但其實雖然莊園號稱瑰夏莊園（Geisha Estate），風味其實與我們經驗中的瑰夏相似度並不高。

當時只想一心趕路去走入山區原始林觀看野生咖啡，儘快在下一波大雨降下前離去，倒不記得遠處的浮雲是這麼漂亮。山區道路崎嶇，爆胎換輪胎對當地人來說是家常便飯。

班其馬吉—瑰夏莊園日曬 G3 瑰夏種杯測資料

■產區：Bench Maji（班其馬吉）

■莊園名稱：Geisha Estate

■所有者：Gashaw Kinfe Desta

■品種：當地原生種

■處理法：日曬法

■等級：G3

■採收處理期：2010 年 Dec.

杯測報告：歐舍 M 烘焙度，烘至二爆下豆（烘豆時間 13 分鐘）

■乾香：香草植物、波羅蜜、深色莓果、香料、人蔘、紅茶。

■濕香：桃子、鳳梨、酒香、人蔘、香草植物、榛果巧克力。

■啜吸風味：香氣變化多端、脂感細緻、熟果香、紅色莓果、芒果、東方美人茶、桃子、奇異果、榛果巧克力、茶香、杏桃、香料甜、酒香、整體觸感佳、香料甜與熱帶水果味均衡融合且獨特、此風味在衣索匹亞日曬豆中罕見。

2010 年在 USAID 贊助下，我參加了「產區行動杯測營」，我們準備了小型樣品烘焙機與所有的杯測用品，將杯測帶往耶尬雪菲 6 個合作社，包括了孔加與哈瑪，很多咖啡農第一次杯測到他們栽種的咖啡。

尋豆之旅 (4) 東南段：耶尬雪菲／科契爾哈瑪合作社

耶尬雪菲（Yirga-Cheffe）是我來衣索匹亞必訪的產區，前後曾造訪十幾個村落級合作社與處理場，此區地靈人傑，即使耶尬雪菲這小鎮本身毫不起眼，路標也顯得陳舊殘破，但清新空氣、林間芬多精香、清澈河水與肥沃的火山土，都是孕育出眾風味的重要地緣因素。但近年開發頻繁、森林地流失，也出現諸多問題，尤其交通與水土保持方面的衝擊。

耶尬雪菲早期居民群聚於沼澤區，地名有離水擇地而居之意之意，傳說是法國人首先發掘出本區咖啡風味出眾，如今耶尬雪菲已是每個精品豆商必備的品項，以花香與細膩檸檬柑橘滋味聞名全球。本區位於衣索匹亞南部高原區，是前往東南段尋豆行程的首選，咖啡樹生長在海拔 1,700 ～ 2,200 公尺處，行政區屬西達摩省北部，離阿巴雅湖（Abaya）不遠。

科契爾哈瑪（Hama）初級合作社位於耶尬雪菲，在競賽模式導入衣索匹亞之前默默無名，連續兩屆 eCafe 競賽日曬組與水洗組雙料冠亞軍，擄獲日本的「丸山」、北歐丹麥的 Estate Coffee 與台灣（歐舍咖啡）的芳心，成為知名的耶尬區小合作社，更難得的是哈瑪與國際買家接觸得早，明白維護品質的重要性（但是否長期品質保持不墜，仍需要逐批杯測來鑑定）。

我首度拜訪哈瑪是 2006 年 10 月採收季開始前，途中會經過知名的迷霧山谷，之後一路蜿蜒上升，抵達哈瑪小鎮海拔已達 2,200 公尺，合作社位於山谷地形略往下沉之處。之後我曾 3 度拜訪哈瑪，從 2007 年首度引進後，2008 年開始則透過哈瑪所屬的 YCFCU 合作社往來，哈瑪因為規模與財務關係，無法自行採用 DST 模式直接銷給海外，透過上游的大型合作社是一種採

耶尬雪菲當地咖啡人常投宿的旅店。

耶尬雪菲當地原始種
Fayate 種。

哈瑪合作社的非洲棚架。

哈瑪合作社成員家中的咖啡園，果實已呈現紅色，但仍未達熟成的採收標準。

購模式，採購過程較複雜，得有耐性與耗時的心理準備。

2009 年歐舍的李雅婷咖啡師使用哈瑪豆，一舉拿下東京首屆世界虹吸大賽的冠軍，讓日本咖啡界更理解哈瑪的來歷，隔年 NHK 來台灣專訪，更讓哈瑪的人氣加溫。

哈瑪合作社資料與杯測報告

- ■**產區**：耶尬雪菲（Yirgacheffee）
- ■**生產者**：哈瑪（Hama）初級合作社（隸屬 YCFCU）
- ■**品種**：當地原生種（Yirgacheffee variety）和 74110 品種
- ■**處理法**：傳統水洗法與非洲棚架日曬處理

杯測報告：歐舍 M0 焙度（一爆中段）11 分鐘起鍋

- ■**乾香**：柑橘、香料甜、花蜜甜、花香、茉莉花、橘子花、香草植物香、小金橘。
- ■**濕香**：柑橘、花香、精油香、柑橘檸檬香、薑花、焦糖、持久的大吉嶺春茶香氣與餘味。
- ■**啜吸風味**：柑橘香氣明顯，莓果香，多款花香，草莓酸甜，奶油脂感明顯，香草甜，均衡性相當好，精油香，甜柑橘與甜萊姆，餘味多變，層次豐富且持久。

哈瑪合作社幹部與會員代表以正式的服裝與我們會談，這是他們首次與 4 個不同國家的買家見面。

尋豆之旅 (5) 東南段：耶尬雪菲／孔加合作社

　　在前文提及我參加「咖啡三巡儀式」，就是在孔加（Konga）合作社。這是一家小農合作社，位於耶尬雪菲高山區，合作社名稱來自於本區的孔加河，也是當地少數通過有機認證與公平貿易雙重認證的合作社。其實我對所謂的有機認證並不是太在意，因為衣索匹亞跟秘魯有著相同的狀況——全境幾乎都是有機栽種的方式，只是多數合作社無法編列預算支付有機認證機構每年複檢的費用罷了。

　　也如同前文提到的哈瑪，這種村莊級的小型合作社普遍面臨經費不足的問題，辦公室很簡陋，我看倒貼在牆上每年收穫櫻桃果實與處理批次的手寫資料，資料年代久遠卻一目了然，孔加的經理表示 2009 ～ 2010 年的採收量略少，只能維持 10 個批次，無法製作日曬豆。我也據實以告，這幾天所測到的 3 個批次品質並不如去年，他竟爽快地承認，並表示有批更優的在後處理中，2 個月後我收到生豆樣品，並做了杯測，果然如他所

說，此款孔加水洗耶加豆經典婉約，香氣是熟悉的薑花香、明亮活潑的櫻桃與細緻乾淨的餘味，我馬上確定採購 2010 當年晚收批次；但 2018 年的孔加卻令我非常失望，再次證明：不能只憑名氣與交情來下單買豆啊！

左上角是孔加合作社的招牌，
我與合作社經理合照於辦公室前。

孔加合作社資料與杯測報告

■**產區**：耶加雪菲（Yirgacheffe）

■**生產者**：孔加合作社（Konga Coop.）

■**品種**：當地原生種

■**標示**：公平貿易與有機認證（FTO）

■**處理**：傳統水洗法

■**等級**：G2

■**海拔**：1,850 公尺以上

■**對策**：孔加每年約有 7 ～ 10 個主要批次，一定要杯測慎選，才不會踩到雷！

杯測報告（**2010 年批次**）

■**乾香**：薑花香氣、柑橘、香茅與香料甜 。

■**濕香**：柑橘、花香、茶香、乾淨的奶油甜香。

■**啜吸**：乾淨度佳、柑橘、香草植物、油脂感細膩、細膩的櫻桃、酸明亮但甜感佳、紅蘋果、餘味綿長細緻。

尋豆之旅 (6) 東南段：歐諾米亞合作社

大型合作社也可能有極優的批次，端看尋豆師如何發掘，像是歐諾米亞（Oromia）、西達摩（Sidamo）或耶尬雪菲（Yirgacheffe）這3大全國性的合作社都能挑選到好豆。

必須再一次說明，在衣索匹亞我在意的永遠是杯測品質，而非豆子尺寸大小或某某認證，舉歐諾米亞為例，全名為 Oromia Coffee Farmers Cooperative Union（簡稱 OCFCU），第一個字 Oromia 在衣索匹亞文代表的不僅是指種族或語言，更是涵蓋全國重要咖啡產區的大型聯合合作社代名詞，OCFCU 由 35 個合作社組成，有超過 10 萬個農戶成員，其中 8 個合作社同時具備有機與公平貿易的雙重認證（Organic & Fair Trade），旗下會員精緻摘採篩選後的優質批次，由合作社直接以 OCFCU 名義銷售，這類批次品質與直接購自小型合作社並無差異，不同的是會混合同一天多個農戶的採收，並按日期與品質來標示。

常有同業詢問我在衣索匹亞的實際採購流程，除了前面我提的 7 大策略外，如果採購的對象是這種大型合作社就更仰賴杯測了，以下的流程屬杯測細篩期的模式，提供給讀者參考：

一、採收期初次杯測，直赴產區，了解當季生產與採收處理狀況，並與咖啡農深度互動，如無法前進產區，則可要求合作方快遞樣品做基本篩選測試。

二、主採收期杯測：按你的採購需求作「定案」杯測。

三、特定批次杯測：篩選出的批次再細部多次杯測（通常於較大的合作社或於首都進行）。

四、盲測後選出質優的樣品與特定批次，並與生產者討論採購細節（通常特定批次已經後製處理完成）。

採收的果實當日經過篩選雜物與未熟果，直接進行日曬過程，圖中的咖啡果實已經過了 7 天，可以觀察果實均勻的攤開且果實之間並未堆疊過高。

　　五、採購對象的細部資訊：產區、合作社、採收與所有處理法細節、日批次資訊、合作社整體資訊，各項認證、計畫、討論成交價格、安排交貨細節。

　　六、備貨後杯測、上船前郵寄樣品杯測、到貨後杯測。

　　七、準備上架。

　　2017 年我們採購一批 OCFCU 旗下標示為「科契爾－柯蕾的日曬 G1」，柯蕾（Kore）屬於科契爾（Kochere）的高海拔小產區，而科契爾是耶尬雪菲的重要次產區，在 ECX 國家咖啡交易所可輕易找到科契爾區的分類，水洗與日曬都有，但「科契爾」僅屬產區標示，如欲採購精品除了找到源頭直購，必須細分級數與了解次產區與處理場，光看產區名標示 Kocherie 或 Kochere 無法判別品質。

在衣索匹亞，除了私有的大型農場（plantation）與獨立莊園（estate）外，買的生豆可能由來自處理場、中盤、或路邊的咖啡果實收購商與合作社所收購的果實混在一起處理，這代表買同一「名稱」的生豆時，不一定會得到「同級品質」，因此生豆名稱往往僅供參考。採購商業豆（commercial coffee）或高級商業豆（premium commercial coffee），透過 ECX 的標購系統即可滿足，但專注精品咖啡的業者，只能以批次的杯測品質為採購依據。

柯蕾日曬耶尬雪菲包含當地 3 個原生種，屬於強烈香料型，有買家建議合作社直接做日曬豆，會與該村的水洗豆風味有很

OCFCU 合作社小農正在採集果實，右下角籃子中可以看到採收的果實以紅色成熟的居多，多數咖啡樹就在住家周遭，看到咖啡紅就採收。

強烈的對比，我特別挑選本批柯蕾日曬，因為強烈的香料風在本區實屬少見。

　　柯蕾的小合作社海拔很高，平均 2,000 ～ 2,400 公尺，哈瑪合作社也在相似高度，兩者都屬極高海拔的小合作社。抵達耶尬雪菲鎮，周邊海拔與咖啡產區都已在 1,500 公尺以上，因微型氣候迥異加上全球暖化影響，尋找優良的耶尬雪菲得往 2,000 公尺以上的區域找，需更多時間等待咖啡熟成，通常會晚 1 ～ 2 個月。

歐諾米亞（OROMIA）日曬科契爾耶尬雪菲資料

- ■**隸屬組織**：OCFCU，由旗下小型村落合作社生產
- ■**產區**：耶尬雪菲 科契爾 - 柯蕾（Kochere, Kore）
- ■**生產者**：科契爾 - 柯蕾小農
- ■**採收期**：2017 年初
- ■**品種**：當地 3 種原生種（Local Land Race variety）
- ■**處理**：精挑日曬法
- ■**等級**：G1
- ■**對策**：一直杯測就對了！用盲測，喜歡才下手購買。
- ■**本批次海拔**：2,000 ～ 2,400 公尺

杯測報告

- ■**乾香**：楓糖香、花香、肉桂、桃子、蜂蜜。
- ■**濕香**：香草植物、香料、甜桃、芒果。
- ■**啜吸風味**：濃郁的香料甜、熱帶水果、肉桂、巧克力、油脂感、餘味香料甜很持久。

尋豆之旅 (7) 古籍區：不再依附「耶尬雪菲」

　　古籍（Guji），是近年由西達摩 A 區分出的新區域，，分東古籍與西古籍，有 5 個主要區域，分別是漢貝拉（Hambela）、歐都夏其索（Odo Shakiso）、烏拉尬（Uraga）、科洽（Kercha）、阿都拉（Adola）。

　　近 3 年我由古籍區採購不少極優批次，2010 以前，古籍區尚未成為獨立產，對外以西達摩或耶尬雪菲為名，但無法代表本區的區域風味特色，古籍區獨立出來，確實還本區農民一個公道。

　　杜歌阿都拉雖位於烏拉尬，但其實更靠近耶尬雪菲海拔 2,200 公尺的高山區，烏拉尬之前部分處理場與合作社的產品常被以耶尬雪菲的名義銷售，ECX 頒布本區為古籍產區後，才以

*Guji產區地圖

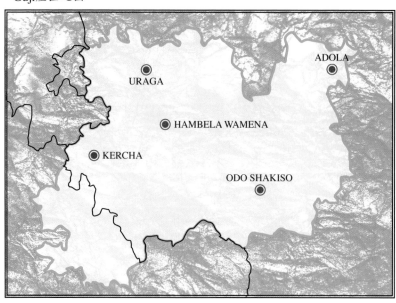

烏拉尬西部高山區域或直接以村落或合作社名稱為生產單位，
並標示於麻布袋上。

　　我在 2018 產季拜訪烏拉尬的杜歌阿都拉（Dugo Adola）處
理場，收穫滿滿，該水洗場位於海拔 2,050 至 2,200 公尺處，飽
滿的桃子、花香、黑莓果風味，讓我不虛此行！2018 年的杜歌
阿都拉總計有 160 餘批次，我們挑中很優的批次 319，希望與此
小型合作社建立長遠的關係， 此批風味不僅維持傳統的花香與
持久的甜感，其黑莓的果汁感也讓人驚豔！

杜歌阿都拉（Dugo Adola）合作社杯測資料

■**產區**：古籍 烏拉尬（Guji Uraga）

■**生產者**：杜歌阿都拉合作社

■**品種**：庫魯麥（Kurume）

■**處理**：傳統水洗法

■**等級**：Q1

■**杯測分數 Score**：91.5 分

■**海拔**：1,850 公尺以上

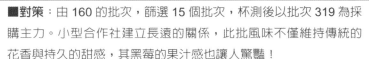

■**對策**：由 160 的批次，篩選 15 個批次，杯測後以批次 319 為採
購主力。小型合作社建立長遠的關係，此批風味不僅維持傳統的
花香與持久的甜感，其黑莓的果汁感也讓人驚豔！

杯測報告（2018 批次 319）

■**乾香**：薑花、茉莉花、柑橘 。

■**濕香**：柑橘、花香、茶香、乾淨的香草與醋栗。

■**啜吸**：乾淨度佳、厚實、花香濃郁、油脂感清晰、黑莓與醋栗、
酸明亮、蜂蜜甜明顯、萊姆甜、餘味綿長。

尋豆之旅 (8) 採購東部產區哈拉豆的訣竅

　　哈拉區（Harra）位於衣索匹亞東方高地的哈雷漢省（Harerge），咖啡生長於海約 1,500 ～ 2,000 公尺間，大約一個世紀前，哈拉仍以當地野生咖啡樹為主，生豆尺寸呈現兩端尖長，口感以狂野與厚實觸感出名，屬典型摩卡風味。

　　不管是在地理劃分或咖啡產區，哈拉區都劃分為東哈拉與西哈拉，現今哈拉仍以傳統日曬法來處理生豆，衣索匹亞當局在 Dire Dawa 城設有品質與標購銷售中心，年產量約為 20 萬袋（60 公斤／袋），除了分級尚會標示長顆（Long berry）、短顆（short berry）或者圓豆（peaberry），圓豆也常直接標示為摩卡（Moka）。

　　早期的哈拉區至多標示 G5 或 G4，鄰近的沙烏地阿拉伯會大量採購這區的生豆。哈拉豆的價格並不便宜，好品質的哈拉豆更是中東區皇室的必備品，早期能與其競爭的只有日商及美國的皇家咖啡。優異品質的哈拉帶有明顯的莓果調與紅酒香，亦有厚實的油脂感，不少烘豆商偏愛用於濃縮咖啡配方豆，所幸在精品烘豆商與哈拉區的交流日漸頻繁下，這裡的合作社也開始製作出風味更乾淨的日曬哈拉。

　　採購哈拉豆並不難，品質好的需要慢慢尋找，主要原因有：

　　一、當地採依賴人工處理傳統日曬法，因價格競爭劇烈，好品質的批次，往往還在處理過程就被到場盯看的專人敲定交易，剩下批次往往帶有不甚乾淨風味或夾雜品質欠佳的豆子。

　　二、測試樣品與實際收到生豆有落差，漫長的後勤運輸與出口流程，會導致延誤送達，品質也大幅滑落。

　　三、對品質的認知有落差：哈拉區的貿易商實力雄厚，自

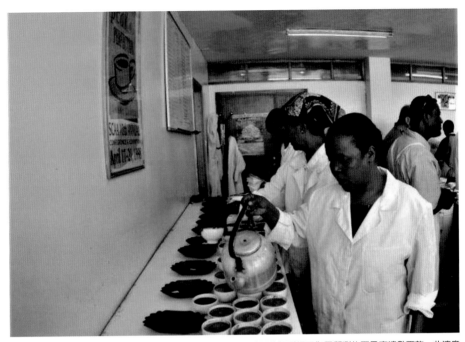

這是我 2006 年受邀參加訪問並參與 CLU 團隊杯測時所拍，該單位杯測師工作日所測的豆子高達數百款，此速度是吾輩習慣精挑細選者遠無法相比。

認傳統日曬技術優異，不見得願意接受國際買家在耶尬雪菲、西達摩與利姆實施的日曬處理模式。

　　四、因處理不當、氣候因素與品質控管等因素，導致新舊豆雜混時有所聞，買家因辨識度差異不大而卻步。

　　以我採購的東哈拉希阿娜（Hirna）為例，乾淨度在哈拉中確實罕見，團隊對杯測的品質反應頗佳，通常我會等合作社代表在首都阿迪斯阿巴巴的國家品質鑑定中心（CLU）的杯測結果揭曉後，再度杯測並視品質狀況下單。

靠近阿希山脈的傳統日曬模式，此區雖也列為「哈拉」，但與傳統哈拉模式相距甚遠。

希阿娜批次與杯測資料

■產區：東哈拉 希阿娜區（E. Harra Hirna）

■出產者：Private reserved lot

■品種：哈拉當地原生種

■等級：G4

■處理法：日曬

■對策：採購哈拉區的豆子，首先要找信得過的當地出口商或合作社要角，接著反覆的測豆，同時要尊重傳統產區的特色，例如琥珀豆千萬別當作是發酵臭豆腐的味道，不但顯得無知且容易得罪當地人。

杯測報告：歐舍 M0+ 焙度（一爆中後段起鍋），烘焙時間 11 分

■乾香：桃子、棗仁甜、濃郁核果甜、些微花香、奶油香。

■濕香：奶油巧克力、糖香、黑棗甜、香料甜、乾燥水果甜、花草茶。

■啜吸風味：哈拉系罕見的乾淨度、水果熟香、桃子與杏桃甜、油脂感佳、沙棗甜、花香、藍莓、熱帶水果甜香、香料甜、茶感、餘味莓果甜與奶油巧克力甜感持久。

影響採購的重大變數：新聞、研發與處理法

　　對尋豆師而言，時時留心產豆國的重大新聞事件非常重要，這些資訊往往牽涉到採購策略或採購項目的調整。

一、法令與新聞事件

　　ECX 在 2017 年公佈第 1051 號公告，精品業者可採購微量且可追溯到源頭的批次，但也造成混亂與適應的問題，多數的乾處理與分級廠並不習慣處理幾十袋的微量批次，篩選不良、混批次、裝錯貨櫃期的情況時有傳聞；最誇張的案例是歐洲某知名生豆商有兩個貨櫃生豆抵港後，發現麻袋未經封口，都沒有縫線，所有生豆混在一起，損失慘重！ 1051 公告發布於 2017 年的產季之後，當時我研判該公告引發的狀況應會於 2018 年產季發生，公告的重點「買賣雙方直可接交易」是確實的，但後勤與交易末端其實仍未準備好，還在調整期。

二、改良案例

　　天氣異常與全球暖化，衝擊了咖啡樹的健康生長，也對生豆品質影響巨大。咖啡農看天吃飯，人力無法決定雨量的多寡，但近年來有遠見的農場或財力足夠的業者，學會向紅酒界取經，建設農園的人工灌溉系統，下圖的咖啡農園位於偏遠的阿希山脈西側（阿希山西脈），已設有灌溉系統，對於長期採購配合，極有助益。

三、新種與新處理法資訊

　　雖然衣索匹亞有上百款優異的品種，但世人瘋迷瑰夏，衣

國的大型農場也不能免俗地追逐瑰夏種,在古籍與耶尬雪菲區都有栽種瑰夏種,例如下圖拍攝於 2018 年的古籍區,瑰夏種苗已經茁壯,等待 2018 ～ 2019 的實地移植。

而衣國的傳統日曬法因果實摘採熟度不一,常有品質不穩的爭議與詬病,夏其索區的合作社已經運用兼採浮水篩選的日曬處理法,將浮果與雜質移除後,直接鋪在後方的層架,進行日曬程序。

瑰夏的種苗。

藍色水盆可以讓摘採的新鮮果實預浸，以浮力篩選出品質不良的果實和雜質。

阿希山西脈的灌溉系統莊園。

風味傲世的史考特 28 ！

肯亞篇

Kenya

獨特品種、栽種地的環境特色與肯亞水洗處理法都造就了肯亞豆的絕佳風味，可以想像，當精品咖啡館少了肯亞豆，會是多麼乏味！

首都：奈洛比（Nairobi）
咖啡產量：49,980 噸
主要品種：SL28、SL34、Batian、Ruiru11
處理法：以肯亞雙重水洗法著稱
採收季：一年兩穫（10～12 月、4～7 月）
特色：以明亮果酸聞名全球
平均產豆海拔：1,600～1,750 公尺

　　每一家精品咖啡店的豆單裡，都少不了肯亞豆。肯亞豆以飽滿精采的風味奠定精品大咖的超凡地位，不僅一般消費者並不陌生，在競賽中更不乏杯測成績 90 分以上的高品質咖啡。但在咖啡圈，可曾聽聞過有哪些充滿戲劇性的肯亞咖啡莊園故事？答案是沒有！仔細想想，肯亞這個產豆大國，對尋豆師來說算是「最熟悉的陌生人」也不為過。

　　生產者與進口商聯手將生產背景、莊園故事推銷給消費者，由種籽到咖啡杯的細節，在在彰顯了產區的情境連結，越是高單價的豆子，就更需要故事來襯托，消費者愛聽，供應商當然樂此不疲，但偏偏肯亞的咖啡莊園不普及，尋豆師也只能徒呼負負，多半僅同好間會聊聊肯亞多重水洗法的資訊而已。

肯亞豆的巨星：史考特 28 品種

　　2018年與北歐咖啡界友人閒聊，大家都同意：多數消費者對肯亞的印象仍停留在「咖啡很好、酸明顯、很貴！」的印象；饕客能朗朗上口鄰國衣索匹亞的耶尬雪菲、哈拉摩卡與吉瑪咖啡，不過談到肯亞，即使是最著名的尼耶利區（Nyeri），知曉的消費者卻寥寥無幾。但肯亞的「史考特28品種（SL28 Variety）」，這幾年以驚人的黑醋栗與嘹亮的果酸聞名，是繼瑰夏種（Geisha）後，關注度最高的代表性品種。它的起源背景，相信會是肯亞咖啡引爆話題的亮點。其實史考特28最早並不是誕生於肯亞（有意思的是，瑰夏種也不是誕生於巴拿馬）——但如同瑰夏發源於衣索匹亞、卻以巨星之姿成就於巴拿馬，史考特28也有這種能量，即將自栽種地肯亞向世界發光發熱！

多數時候，生豆採購商在產區，一手拿到咖啡農送來鮮艷漂亮的咖啡果實，另一手拿到處理場的資料或照片，但對於真正的肯亞咖啡卻是一知半解。就我看來，大夥的疑問大約可歸納為以下 3 大類，就有如閱讀偵探小說，得經過深入探訪、抽絲剝繭後，才能一窺肯亞咖啡的全貌。

疑惑 1：史考特 28 品種的好風味是怎麼來的？

史考特實驗室推出的 SL28 品種風靡咖啡圈，但到底此一名種的誕生起源為何？多數人認為史考特實驗室是來自傳教士附帶的任務，傳言是否正確？傳言更指出 SL28 是由留尼旺島來的波旁種，因此才擁有波旁種明亮果酸與甜感，但如果揣測屬實，為何同樣由留尼旺島帶至南美洲或中美洲生根的波旁種，風味與 SL28 截然不同？

疑惑 2：多數咖啡農無法掌握後製，優質生豆是怎麼來的？

肯亞咖啡農並無法全盤掌控咖啡鮮果的後處理過程，處理場如何讓多數咖啡農願意努力栽種出好咖啡？那些風味優美的微量批次是怎麼製造出來的？優質生豆能被追蹤到生產者源頭嗎？在肯亞該如何與咖啡農進行直接交易？好咖啡賣出的好價錢到哪裡去了？

疑惑 3：肯亞豆能被取代嗎？

肯亞不只有 SL28 品種，其獨特火山土與微型氣候造就好風味，尤其尼耶利與奇林呀尬（Kirinyaga）兩區，以獨特飽滿的酸質、豐厚脂感、上揚香氣聞名國際，這風味可說其他產豆國少有，多年來我僅在宏都拉斯碰過一次，在肯亞咖啡生產量日益

減少的今日，有任何生產國可取代肯亞嗎？

回顧這幾年我到肯亞實際尋豆的經驗，從咖啡栽種的起源談起，乃至紛紛擾擾的拍賣制，來看看品種、處理、選豆訣竅等範疇，或許能解答上述疑惑。

肯亞咖啡種植業的黑歷史

1893 年英國人從將咖啡從留尼旺島帶到肯亞；但早期咖啡農園的所有權與後製加工全由殖民者與官方掌控，肯亞人僅能在英國人擁有的咖啡園內擔任近乎奴隸的工作，直到 1934 年肯亞人才可在嚴苛條件下栽種自己的咖啡。殖民早期，肯亞的咖啡都由倫敦貿易商收購，當年出口商輸出的是帶殼豆，其他像脫殼、篩選、分級等後製程序都在倫敦的乾處理場進行——這也意謂著從果實變紅的採收初期，直到生豆靠港且能銷售的漫長期間內，農民收不到錢，在咖啡果實出貨 6 個月後才能陸續收到貨款。這段青黃不接的期間，出口商就只能依靠銀行融資來支付船運費等成本。肯亞的農民們對產量與收入的期待，往往與倫敦銷售商能給的金額有重大落差。

1930 年代的肯亞，咖啡業風起雲湧，各種合作社和營銷系統（cooperative and marketing system）紛紛興起，咖啡栽種者聯盟（Coffee Planters' Union）因許多次級團體興起，開始分化為小型合作社。農民們希望辛苦生產的咖啡不再受制於遙遠國度的貿易商，想要爭取更好的售價與收入，於是政府整合各方意見與勢力，1931 年成立肯亞栽種者合作社聯盟（Kenya Planters Co-operative Union，簡稱 KPCU）與肯亞國家咖啡委員會（Coffee Board of Kenya，簡稱 CBK），取代了各種營銷團體並成立拍賣

機制，隔年（1931）首度公開拍賣。但當年的倫敦貿易商依然勢大，直到 1937 年，成立奈洛比咖啡拍賣所（the Nairobi Coffee Exchange，NCE），肯亞的拍賣交易制度才更普及並獲得產業鏈廣泛支持。政府單位也在 1938 年頒布著名的「生豆分級制」，此後逐漸成為農民（生產者）、處理場、買家的交易標準。

　　這是肯亞咖啡拍賣制度的濫觴，影響十分深遠，截至目前為止，肯亞咖啡委員會銷售經手的咖啡已高達該國總產量的八成以上！

3 大角色：合作社、處理場和拍賣所

　　1944 年肯亞政府將合作社制度化，要求栽種面積在 5 英畝以下的小咖啡農都要加入，這一措施削弱了咖啡委員會的地位。1963 年肯亞獨立後，隨著咖啡園國有化，資源也重新分配，各大合作社在當年獲得近 400 萬美元的貸款，用以擴大後處理場與建立新的水洗場，也變成肯亞出名的處理場模式（Factory）。「合作社」與「聯盟」始終是肯亞咖啡供應鏈極為重要的部分，直到今日仍有約 75% 的咖啡農地係由小農栽種，且多數有參加合作社或初級合作組織（不過其產量僅占全國的一半）。

　　肯亞咖啡在拍賣前就會進行生豆與感官（杯測）分級，拍賣標的批次通常可溯源至合作社經營的水洗場或處理場，不論奈洛比咖啡拍賣所表現如何，這套拍賣系統仍是肯亞咖啡貿易中重要的交易環節。買家的競標，促使肯亞咖啡價格處於高檔，也緩解了期貨市場的價格波動性。肯亞咖啡的拍賣系統自此持續運作，直到 1990 年代又遭遇兩大危機事件。

　　一則是 1989 年「國際咖啡協議（International Coffee

Agreement）」崩潰，導致全球咖啡價格危機；二則是 1991 年肯亞政治腐敗，造成許多國際援助中止。肯亞政府此後不得不讓步，開始通過讓拍賣私有化，限制醜聞不斷的咖啡委員會轉型為監管角色、而非市場營銷的全權代表，並允許國際買家參與奈洛比的拍賣交易，讓小農能自由選擇將咖啡果實賣給哪些處理場等等，種種措施就是希望能重新獲得世界銀行的認可，藉此得到國際援助、挽救國內咖啡市場。

但實際觀察上述政策，並非如宣示般運作良好，因為部分單位仍扮演球員兼裁判的角色。嚴格的法規規範與定義了「誰具備資格可以申請乾處理場（miller）、果實交易（trade）、倉儲、市場行銷和競標咖啡（bid and marketing）」，種種產業角色各有限制，但執行面卻問題重重。例如代理商雖將處理場的咖啡帶入拍賣局進行拍賣，但營銷代理往往也同時是國外買家的地下代理人，實際上並未迴避利益，擔任雙面人一手議價一手競拍。雖然也有聲音認為，這可以讓國際買家提高買價，但雙重角色的確造成明顯利益衝突，而第一線生產果實的小農戶因為資訊最匱乏，處於嚴重劣勢，他們難以在複雜的交易系統中追蹤並了解咖啡果是如何被議價或銷售，僅能看到最終的成交價格。

制度鬆綁，農民收入卻未必改善

2002 年之前，肯亞咖啡委員會（CBK）幾乎由大莊園主所掌控，而這些大老闆更是小農合作社的唯一營銷代理，基本上只有咖啡委員會成員可以在拍賣會上競標；2002 年後，CBK 被限制只能擔當監管職責，董事會另批准 6 名「獨立」代理人，並於

2006 年再新增 25 名代理人做為小農營銷代理。只是改革並非易事，真正活躍的小農營銷代理人，實際上並沒有這麼多位。

不僅國內買賣與競標制度複雜，出口也一樣，少數國際貿易公司控制了絕大多數的總成交量（拍賣總數量）。根據 2011 年的報告，肯亞一共有 76 家出口貿易商擁有許可證，但實際僅有 5 家公司有活躍的出口業績。2008 年的研究指出，1975 年肯亞農民個人所得是拍賣價格的 30%，但到了 2000 年該數字剩下 10%。2014 年，尼耶利區最好的價格（合作社收購）是每公斤 75 先令，大約為每磅 0.34 美元；而咖啡農理想中的好價格約在每公斤 130 先令左右，其實也只是每磅 0.59 美元而已（出售果實的價錢）。即使肯亞生豆最終都在高檔成交價盤旋，但透過拍賣所出售涉及層層利益，實在很難讓栽種優質果實的小農戶有合理的回饋。

採購肯亞豆的方法 (1)：週二競標

選購肯亞豆有兩個途徑：拍賣局競標，以及第二窗口採購。第一種是國際買家透過肯亞當地具備投標資格的代理人，在拍賣局（Coffee Exchange Auction，簡稱 CEA）進行競價拍賣並於得標後簽訂採購合約。第二種是直接與具備出口資格的合作社或處理場進行洽談採購，也就是直接購買、俗稱為「第二窗口」的交易方式。

1930 年代拍賣系統建立後，絕大多數肯亞咖啡都經由拍賣局交易，現在更已經由傳統人工公開喊價投標，進步到按鈕式無聲投標系統。交易者在投標過程中想出價就可按鈕來顯示投標金額，一些受矚目的批次透過競標價格飆升（這也是拍賣的

筆者拜訪的肯亞 CBK
大樓與 KPCU 大門，拍
賣局（CEA）的當週樣
品室位於入門後的左側
大樓。

上千個 2017-2-28 拍賣批次，紙袋上有標示級數與批次量。

目的）。買家必須先找合格的交易者，賣方的咖啡園（處理場）或合作社也必須找合格的行銷代理人，營銷代理的佣金一般是咖啡售價的 1.5 ～ 3%，不包括繳納給政府的稅金。

營銷代理商會將去殼的生豆樣品先給感興趣的投標者，拍賣固定在每週二舉行，但實際上還要看咖啡產季，像是 2017 ～ 2018 兩年，因咖啡短收導致在 7 月前無豆可拍。拍賣前，拍賣的生豆、類別、分級等資訊會事先印製成目錄，放置於交易所供投標者參考。通常會有 1,500 個批次參加，即便是等級較高的 AA、AB 或是 PB，也會有 500 個批次供顧客挑選。

競標代理商的工作人員會在採收季積極聯絡處理場與合作社，以便第一手了解收成與各級數的可供貨數量，並做杯測以蒐集批次資訊，同時與國際買家或其代理聯絡協商；進入拍賣前，一般買家通常已有初步的競標想法。

採購肯亞豆的方法 (2)：第二窗口

為回應農民與烘豆業者對「不經拍賣交易」的需求，肯亞於 2006 年通過新法規，允許民營出口商可以直接向咖啡生產者拿貨給國外的烘豆商和進口商，稱為「第二窗口」。但這些出口商必須先獲得出口許可證，且需提出市場證明與財務擔保等文件，以確保可以付款給咖啡果實生產者。

在採收初期價格未明朗前，藉著第二窗口直接銷售，可以快速出口先賺取現金，有利於資金運作與舒緩貨量，是常見的操盤手法。對於剛剛採收還很新鮮的批次（但並非是最佳批次），國際買家想搶鮮也想搶便宜，買賣雙方需求與共識相同；不過等到進入主採收期或農民擁有較優的批次，營運代表或合作社

筆者攝於拍賣局的樣品室。

常採取惜售或拉抬價格的手段，不會將全部的收成都以第二窗口出售；也因此雖然第二窗口可以讓農民與採購者直接建立關係，但並不代表價格都會比較好談，因為第二窗口交易需在拍賣前就決定，如買賣雙方對價格沒共識，只能回到拍賣系統中下標，採購者得面臨各方的競標。

這種「第二窗口」與「週二拍賣所」同時運作的方式，常見於手中握有好豆子並已有國外買主的行銷公司，包括處理場或合作社，他們對投標代表能熟悉掌握，並得以運作奇貨可居的抬價氣氛。2015 年以來肯亞的生豆持續歉收，價格不斷攀高，但買家也不笨，會蒐集市場交易價情報，多會根據前 1～2 週諸如 AA、AB、PB 等級數豆子的成交價來與代理商或處理場（合作社）代表直接議價。

另外，理論上看，第二窗口為咖啡農與國際買家提供了一種可溯源的交易方式，也讓咖啡農的產品能得到較高的收入，但實務上通過第二窗口的交易仍相對較少，由於營銷商限制，小農們很難獨力面對外部市場，根深蒂固的合作社制度仍讓大部分的咖啡都由拍賣系統中出售。由統計資料來看，肯亞 85～95% 的咖啡仍經由奈洛比拍賣局交易。

尋豆筆記

肯亞豆的風味特色——酸得乾淨又漂亮！

肯亞豆的風味勁道來自漂亮豐厚的酸，如果說高品質的酸質是好咖啡的靈魂，那肯亞豆就是靈魂中的最佳代表了！

肯亞的酸明亮、豔麗、飽滿出色，讓喝過的人很難忘懷。肯亞豆的優美風味幾乎涵蓋「精品咖啡協會風味輪（SCA Flavor wheel）」中的 29 種滋味。其酸味包括黑醋栗、我們熟悉的烏梅、萊姆、葡萄柚或鳳梨、青蘋果、百香果與眾多莓果風味；甜感則有蜂蜜、黑糖、帶甜的鮮橙汁。

肯亞入口的觸感（body）更是全球獨步——因多數明亮酸質的咖啡往往不太會同時具有厚實的觸感或油脂感，但肯亞豆卻具備了厚實油脂感或口腔包覆感，這也是為何當地品管師在挑頂尖批次時，會以酸度（acidity）／質地（body）／風味（flavor）三者予以評比，並遴選出可拍出高價的批次。

肯亞咖啡的風味表

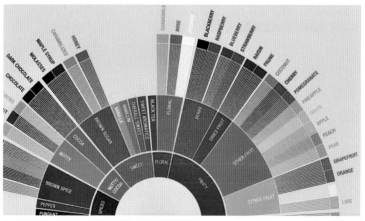

高品質的酸就是肯亞咖啡的靈魂！在精品咖啡協會風味輪（SCA Flavor wheel）中幾乎涵蓋了 29 種滋味。（資料來源：SCA 協會）

肯亞的 6 大產區

在出發前往肯亞產區尋豆前，我們先透過咖啡地圖來趟紙上之旅。肯亞有名的產區都離首都奈洛比不太遠，一般採購者可先抵達首都再往北走，再按順序走一趟 6 大產區尋豆。奈洛比海拔約 1,795 公尺，除非日正當中，通常不會太熱，但遊客在街頭被搶的消息時有所聞，出門要特別留意隨身財物與人身安全。

一、祈安布（Kiambu）與穆浪尬（Muranga）

多數人喜愛的明亮酸及厚實的觸感這裡都有，加上離奈洛比不算遠，產季期間會有不少國外買家來此探訪。

二、接著前往大名鼎鼎的尼耶利（Nyeri）

明亮的黑莓與厚實油脂感，加上柑橘甚至花香氣，這裡的精品豆也是讓肯亞豆馳名國際的一大功臣。

三、由尼耶利沿肯亞山脈往東，即可抵達奇林呀尬（Kirinyaga）

這裡的風味也是明亮果酸，具有中度油脂感與細緻的甜味。

四、再往東到安布區（Embu）

此地的酸不會像尼耶利那般強勁，風味均衡清晰且餘味多數表現不錯。

五、首都奈洛比機場往南不遠，是馬洽柯斯區（Machakos）

本區有後起之勢，清爽果酸與細緻風味，中度觸感與細膩清新的尾韻很出名，近年來吸引不少買家。

六、西邊產區的契西（Kisii）與艾爾貢山（Elgon）的邦夠瑪區（Bungoma）

其風味與中部諸產區很不相同，以中等厚實的甜感與較溫和的風味吸引買家，本區部分水洗場的烤榛果與溫和水果風，也廣受不喜歡明亮酸度的買家青睞。

＊肯亞咖啡產區圖

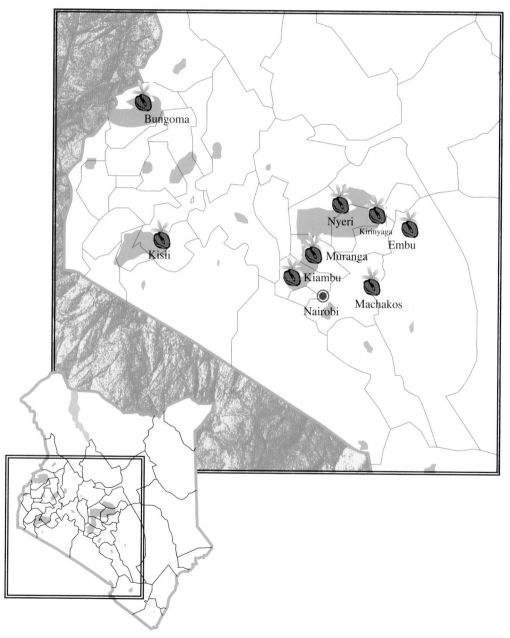

揚威國際的肯亞式水洗法──乾淨明亮的風味來源

　　肯亞以「肯亞式多重水洗處理」聞名於世，近年有少量的純日曬豆或是蜜處理，但因為傳統咖啡農仍以出售果實為主，並不太參與後製，後製處理幾乎全由水洗場接手。約有55%的咖啡豆會由約70萬名的小農生產，並送交其所屬的小型合作社；其餘45%左右則產自私人莊園或大型農場、大型合作社（公司）。一般而言，一家小型水洗場會對應上千名小農，小農在採收季送來新鮮咖啡果，如果品質良好，好的合作社應該可以幫小農爭取到高達85%的銷售後淨收入（指生豆售價扣除後製成本與行銷費用）。

　　肯亞的水洗法連隔鄰的「咖啡之母」──衣索匹亞都得來此取經，由收購果實到去皮、發酵等後製流程，正是肯亞水洗法的奧妙所在。雖在肯亞有部分處理場採用「單次發酵」（一確認果膠層脫落就直接引入水洗渠道進行人工刷洗），不過多數水洗場會採用「雙重發酵＋雙次清洗」的做法，或者也有用「乾式發酵＋多次水洗浸泡」的模式。

　　乾式發酵＋多次水洗浸泡模式：經過上碟式刨皮機後的果實會導入發酵槽，直接乾式發酵，發酵槽內不會先放水。每隔6～8小時再引水刷洗帶殼豆，接著將水排淨，再度進行乾式發酵；如此反覆數次，直到果膠層脫離，方進入下一個階段的渠道清洗，引入下一個儲有乾淨水的水槽再靜置約24小時。

　　雙重發酵處理法：將去皮後仍帶有膠質層與濃厚黏液的果實放入發酵槽中，在這個階段通常不會將發酵槽內的水注滿，部分處理場甚至會循環利用這充滿酵素的發酵水（視水質狀況調整或攪拌），通常第一階段發酵會在12～24小時內完成，

目的是將果膠與黏質分解開來。此時，在發酵槽內的發酵水與咖啡果實產生了美妙的變化，也帶來了蘋果酸與肯亞特色的正面水果調性，這也賦予肯亞咖啡突出的風味特性。

　　第一次發酵必須持續到大部分的黏液與種籽分離，接下來果實會引入清洗渠道，由人工攪拌來沖洗果實並去除已經鬆散的黏液。在第一階段發酵結束時，浮出來的雜質或不良果實同時會被篩出，這也是維持肯亞豆高品質與一致性風味的重要處理步驟。

　　接下來，果實在渠道清洗後，再重複一次發酵步驟，但第二次發酵槽中的水通常會較滿、也僅使用乾淨的水源，不會重複利用循環水，又浸泡 12 ～ 24 小時（部分處理場甚至長達 36 小時）。第二次發酵過程中，咖啡果的表層僅殘留非常少量的糖分，和僅剩部分殘留的果膠會繼續發酵。因此第二次發酵槽的浸泡，公認是讓肯亞咖啡更乾淨、且酸質更明亮的主因。當發酵完成後，帶殼豆會導入有乾淨水源的渠道，讓發酵完成的帶殼豆隨著水往下流到下一階段的清洗渠道（通常會按照處理場的地勢與作業順序來設計清洗渠道）。

　　清洗渠道也稱為人工洗滌通道，利用輸送通道的高低差做攔截設計，其原理是，比較重的帶殼豆會落到通道底部，較輕的帶殼豆或其他漂浮雜質會浮在水面。以品質來說，上面較輕的帶殼豆品質較差，工人會沿著渠道用木棍或掃帚用力刷洗並上下攪動帶殼豆。清洗完成的帶殼豆會被移至預先鋪好網子的棚架日曬乾燥，讓水滴乾也讓空氣流通。

　　這些帶殼豆乾燥的時間約 10 ～ 20 天，再移至倉儲區。有些處理場會在帶殼豆曬至含水率達 13 ～ 16% 時就停止乾燥，轉放到降較陰涼的倉儲做靜置存放（有時儲放 3 個月）。倉儲設

施的環境溫度與濕度很重要，必須讓帶殼豆進行緩慢的乾燥至10.5～11.5%，之後即可進行去殼的乾處理，同時，合作社經理在這個階段也會決定送到乾處理場去殼、分級之後的銷售或拍賣作業。

最終的批次碼僅會標示生豆的級數，每一批次的生產者可能少至數人、多至數百位咖啡農，尋豆師頂多只能回溯農民當日送來果實所占的比例，並無法具體追查每位果農的種植狀況與條件，這與中南美洲各大莊園的咖啡農往往可以侃侃而談品種與微型氣候的採購環境截然不同。

肯亞水洗處理法

肯亞採收、水洗處理、生豆分級說明圖

1.

莊園果農摘採成熟果實，並陸續送抵水洗場。

2.

Cherry sorting，處理場在接收果實前會有一片空地供果農再度分類挑選出成熟的紅色果實。

3.

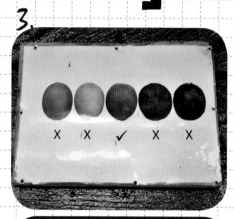

咖啡果實 5 類別，提醒果農，只有打勾的紅色果實才會被接受

4.

秤重領單據，蠻多水洗場設有電子地秤，可直接將秤重連結到電腦，並直接列印果農的編碼與該批次重量，果農以該單據作為日後請款依據。

肯亞採收、水洗處理、生豆分級說明圖

5. 清洗渠道與日曬作業

7.

Cherry hopper，接收櫻桃的漏斗狀接收池，底下連結到去果皮機，咖啡果實由此開始進行水洗法的後製。

發酵槽內正進行發酵的帶殼豆，時間約需 12-36 小時，發酵時間視當地天氣而定，最終以果膠層是否脫落完成為發酵結束時間。

6.

8.

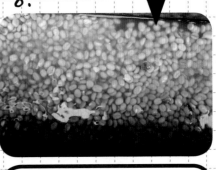

去果皮機，流出的咖啡果實已經去掉果皮，到此階段機器會將果實按照密度直接分流兩個不同的渠道，按照密度分為 P1 與 P2 兩個等級流入不同的發酵槽內。

發酵結束後，帶殼豆導入另一個水槽並放入乾淨的水做浸泡，稱為靜置槽浸泡，靜置時間端看是否仍有雜質浮現（或水有污濁現象出現），過程中，如有混濁則必須再換乾淨的水，這個階段就是肯亞著名的雙重發酵或是肯亞式水洗法的重點，時間端看是否已清澈乾淨或是後面的日曬架是否壅擠而定，12-36 小時皆有。

9.

渠道清洗，雙重發酵靜置完成後，帶殼豆流入清洗渠道，多數渠道底部設有高低水位差，將密度較高者攔下，並導入另外的棚架區，密度較低者，會導入品質較次級的棚架區。

11.

日曬乾燥階段，乾燥時間視當地天氣與帶殼豆的含水率是否達到 10.5%-11% 左右，7-14 天，甚至聽過長達20 天的日曬。

10.

由清洗渠道口接收的帶殼豆，這區稱為Skin Dry 區棚架，屬於瀝乾水分區，通常帶殼豆表面水分多數流乾後，就再移往日曬棚架區進行日曬。

12.

日曬完成入倉（水洗場本身的倉庫），稱為 convention storage。

肯亞採收、水洗處理、生豆分級說明圖

13.

倉庫的陰涼存放區。

14.-2

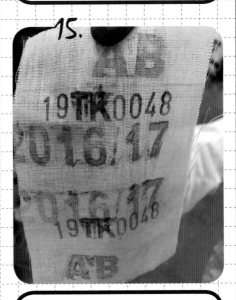

再按豆子密度區分更好的等級，如果 AA 的密度太輕，這個階段會直接分到 T 級，如圖所示。

14.-1

乾處理分級，去殼後，按照豆子尺寸做分級，圖為 Thika 乾處理場的 4 分級 E、AA、PB、F。

15.

生豆標示，由上至下可看出，本袋肯亞生豆的等級為 AB，批次編碼為 19TK0048，生產年份 2016-2017。

尋豆筆記

麻袋上的分級怎麼看？——肯亞的脫殼豆分級

在乾處理場（dry miller）脫殼後，隨即依豆體大小、外觀特徵與豆體密度區做分級，例如 AB+（AB Plus）指 AB 尺寸，但同時具備很高的杯測品質，風味、酸質、質地都在水準以上。8 個等級分別是：

E：19 目以上的平豆，或稱象豆（Elephant bean）。

AA：17/18 目（7.2-8.2mm），平豆（每顆果實內有兩顆豆子稱為平豆）。

AB：16-17 目（6.8mm and 6.2mm）。

PB：圓豆（6.6-4.7mm）每顆果實只有 1 顆種籽，且外型是橢圓形。

C：14 目以下（6.3-4.0mm），因尺寸太小因此不列入精品級數。

TT：（15-18mm）目數雖大但密度低（豆子重量較輕），且品質足以列入精品級（通常是由 AA 與 AB 篩選下來密度較輕與品質不到 AA、AB 的豆子）。

T：小顆粒（目數在 14 以下）且密度與品質無法列入精品。

M：Mbuni（發音為「目密」）屬於低品質的日曬級。通常是果實直接在樹上乾燥的過熟豆或季末殘留在樹上的果實。不會進行肯亞式的水洗－發酵作業，直接在地上或在棚架直接日曬處理的生豆。通常僅供肯亞國內市場使用。

別用中南美洲的莊園邏輯來非洲尋豆！

在非洲，大型獨立莊園是少數，雖然肯亞也有歷史悠久的咖啡莊園（甚至也有以莊園名稱來出口咖啡的），但為數不多且皆屬財力雄厚且有能力直接出口、可與國外買家聯繫的業主。如果考慮更「接地氣」的獨特批次，還是建議前往處理場或初級合作社一探究竟，尤其曾創下拍賣高價的單位，或多或少都有好貨可尋。但請記得，多數咖啡豆僅能追溯至初級合作社（以鄰居或村落為單位的小組織）或水洗場，肯亞豆會掛上合作社或處理場名稱，以做為批次命名或宣傳行銷，這是現階段的常態，也是對尋豆師的限制。

好豆子都是由送繳果實的生產者們（小農）所聯手的傑作，光是尋豆師眼前的 10 袋生豆，可能是集合了多達上百位小農的果實所累積而成！也因此採購者無法明確知道「到底哪家農戶所產的咖啡果實最好」，用台灣農產品產銷班來比喻或許較易理解——肯亞的咖啡小農摘下成熟的果實後，送到合作社水洗場當日直接後製，處理場會登記符合收購標準的數量，有些更仔細的處理場則會記下去皮後製的記錄，包括發酵槽與發酵後的品質分類與數量等，但這已經是更細微的品質資訊了。

跟肯亞的合作社或水洗處理場打交道，就算對方口碑再好（如「卡拉夠陀（Karagoto）」或「葛夏莎」），我仍建議採購者須謹慎為上，以防踩雷。深入了解生產過程就會明白，造就好咖啡的因素，必須集備當年的天候、農民的田野照顧、細心摘採與篩選、水洗場的嚴謹後製與把關等等。舉例來說，我們歐舍咖啡這兩年買過兩批卡拉夠陀水洗處理場的優質豆子，這是塔虔谷農民合作社（Tekangu Farmers Cooperative Society，

Tekangu FCS）旗下的 3 個水洗處理場之一，另外兩家水洗場分別是鐵谷（Tegu）與剛谷魯（Ngunguru）。但我絕不會直接指名「請給我卡拉夠陀豆」，而是會再三詢問比較優秀的批次有哪些，並要求杯測。同一年產的卡拉夠陀豆就可能超過 20 個批次，我們並無法指望每一批次都品質相當。換句話說，要以「批次品質」為採購優先、確實做杯測，而非光看處理場名氣來挑貨。老話一句：「**杯測見真章**」──這是尋豆師們在非洲付出學費後所學到的功課。

去肯亞尋豆的好時機

此外，想要以好價錢買到好貨，就必須算準時間！近幾年遠赴肯亞尋豆的生豆商有「拚早」的現象，原因是 2015 年起的氣候異常與雨汛不定，造成產量忽高忽低，尤其是中價位的 AA 級。12 月開始到 1 月底，是貿易商密集前來肯亞杯測選豆的期間，但來得太早，能測的咖啡總是有限，即使每天拚命杯測 200 ～ 400 杯，也僅能隨機測到那短短幾日的批次；但也不能太遲，來得太晚，好批次又所剩無幾。

早一點來的雖然也比較容易談到好價錢，但風險是，肯亞的新豆有鮮明銳利的酸，常伴隨著濃郁的新鮮草本甚至刺激雜味，很多人不太喜歡，杯測分數都不會太高，必須是經驗豐富的高手，才能辨識出有潛力的優質批次。在高強度的大量杯測中，例如一天就要從 60 到 150 個新鮮尚未入倉存放的樣品挑出好貨，可不能只靠運氣，必須有憑技巧、經驗迅速精準的找出你要的批次。畢竟到肯亞買豆必須砸下的成本，很可能是各產區中最高的！強大的選豆壓力，實難以想像！

通常我只會登記「批次與品質」兩個項目，不會以處理場、地名或合作社做為採購依據。到了1月中旬，多數處理場或合作社的後製已由顛峰進入尾聲，當年度的風味品質與走向（採收量、級數、風味反應）已可評判。早期我大多會挑明亮黑莓果酸、且有厚實觸感的尼耶利區豆子，再以盲測的方式挑選一些風味複雜豐富的獨立批次，不限定產區。幾次盲測的經驗，往往都可以新開發讓人驚豔的新區或新處理場，**例如2018年的馬恰可斯（Machoko），就出現兩批獨特好貨！**

老手會在採收季拜訪奈洛比兩到三次，一方面尋豆，一方面也能面對面與處理場或合作社建立更深交情，將採購的批次整合安排。通常合作社或處理場會將樣品送給買家代表，或送往奈洛比拍賣局排序進行拍賣。如果利用第二窗口採購，需要直接在產地杯測與議價，只要在拍賣前雙方議好價錢，就可直接買走。有時測到很喜歡的樣品，但處理場已經送拍賣所，那只能到拍賣局搶標了！以我們的經驗來說，老經驗的處理場（合作社）營銷經理，多會以奇貨可居的手腕哄抬價格，一般不會早早將極優的批次直接出售，而是吸引更多買家參與競爭。

那小農怎麼賺錢？

處理場計算給農民的收購價，會按照農民繳交的果實重量，以製成生豆的出售價（拍賣成交價），並扣除所有的後製與行銷成本來發放給農民，績效好的處理場能付給農民高達85%的總銷售金額，並以「高品質＝高售價＝高收入」做為鼓勵農民精挑好品質果實的激勵辦法。

不過多數買家認為肯亞諸多的處理場往往缺乏建立長期商業

關係的意願，且品質不見得能一直維持在高端，時常發生雙方已簽約但拍賣所卻又出現同樣級數豆子的情況。或者以卡拉夠陀為例，固然有很優的批次，也有顆粒雖到 17-18 目（外觀尺寸可列入 AB 甚至 AA）但杯測只有 80 分的豆子，處理場有時會希望採購者一起打包以高價買下。

再以肯亞著名的都門公司（Dormans）為例，該公司每年在產季高峰，會從拍賣局標的與第二窗口的樣品中，杯測 1,400 個批次樣品，協助各國買家評估競標或直接協助議價。在肯亞的拍賣局（Coffee Exchange Auction）與第二窗口雙軌銷售並行下，小農的工作階段只是遞交果實，買家想與生產者接洽並不容易，導致買家最多只能與水洗場建立長關係（當然與農民的語言隔閡也是一大主因）。多數國際買家會選擇於奈洛比當地委託代理人進行採購事宜。都門公司的杯測團隊，在這個情況下必須杯測所有營銷代理與配合的合作社（或處理場）提供的樣品，在每年的主產季與副產季至少要杯測達 22 週。除了追求精品豆的國際買家會將焦點在 AA、AB（AB Plus）和 PB 等級數，都門公司也有不少客戶是以採購更大量的商業豆為目標。

如前所述，肯亞有 75% 的咖啡由小農栽種，每一戶通常僅擁有 50 至 500 棵不等的咖啡樹，這種小額採收量，僅能換取微薄報酬，而且無法馬上拿到現金。農民繳交果實後的記錄，幾乎都要靠處理場自己的作業與登記，更別提真正分級還要按生豆密度、顆粒大小與感官評鑑等來決定最終的生豆級數，這都是直到去殼分級後才能詳細得知的資訊。舉例來說，如果某合作社總計 200 多個批次，某些批次以每磅 6 美元直接賣給歐舍咖啡，而某些批次以每磅 3 美元拍賣出，甚至更低的級數無法出口只能賣每磅 0.3 美元，總結以上的收入扣掉後製費用、營運行

銷成本後，最終會付給生產那 200 多個批次果實的農民約 85% 的貨款，並按照重量比例來分配與付款。

肯亞的官方評鑑標準

搞懂買豆時機與生產批次的來龍去脈後，接著進入更技術細節的「肯亞快篩選豆」與水洗法的關鍵，下圖為肯亞咖啡研究機構與當地同業在鑑定品質時慣用的系統圖：

根據肯亞咖啡研究機構制定的「咖啡豆品質分級程序（Kenyan Classification Procedure by Quality Assessment）」，豆子的級數共分 1 到 10 級（Class 1-10），主要根據以下三大類條件來做品質分級（classified），以判定生豆品質（Raw quality）、熟豆品質（Roasted quality）與杯中品質（Cup quality）。

1）生豆狀況（Raw Beans）

生豆外觀大小（Size）、生豆顏色（Color）和缺點（Defect）。

2）熟豆狀況（Roasted beans）

中央裂縫狀況（Center cut）、熟豆狀況（Type of roast，如有白豆否）與缺點熟豆（Defects）。

3）杯測品質（Liqour/cup）

酸質（Acidity）、豆體質地（Body）、風味（Flavor）、負面味道（off-flavor）。

掛於肯亞咖啡研究基金會牆上的「品質評鑑系統圖」。

做杯測的快篩技巧

由於肯亞的主採收季很密集，且批次量都不多，必須仰賴各大合作社或處理場、主要貿易商做大量且頻繁的杯測。當地自有一套快速篩檢驗高品質批次的技巧，即俗稱的 3 大指標：酸度－質地－風味（Acidity-Body-Flavor，簡稱酸、質、風），並以 1-2-3 的數字代表較好的品質（如包含商業豆級數，則分為 1 ～ 6 級）。

Acidity
1. Strong（酸度 1），表示該樣品有強烈且好的酸質
2. Good（FAQ Plus），酸度清楚且還不錯
3. Reasonable（FAQ），酸度普通但沒有負面的酸味

Body
1. Heavy，觸感的質地強烈、且有很好的品質
2. Good，觸感的質地算好
3. Reasonable，有觸感質地不算好但也沒啥缺點

Flavor
1. Strong 強烈的好風味
2. Good 風味算好
3. Some 有一些風味雖不太明顯但沒啥缺點

在當地很常見到杯測師嘴巴唸唸有詞：1-2-1、2-2-2 或 1-3-3 等等，這些都是高手正在快篩的速評法。1-3-1 表示酸度與風味

都很強烈（都是 1），但 body（觸感質地）還算好（得到 2 的等級）。當然了，如果是 1-1-1，那代表產地價每磅大概要超過 15 美元了！

　　一般咖啡豆買家在杯測時，往往會描述漂亮的莓果酸、或柑橘風、或濃郁香氣與飽滿均衡的觸感，然後依杯測總分（無論是 SCAA 評分表或買家自創的評分模式）來評判，但如此一來不免拉低速度，樣品繁多就會大塞車，如借用上述肯亞專家的杯測快篩計分法，效果也蠻不錯。

史考特實驗室與 SL28、SL34 的前世今生

　　史考特 28（SL28）與史考特 34（SL34）這兩大品系長年來幾乎獨霸肯亞咖啡的九成產量，多數水洗場會提供這兩大品種，佐以少量的盧依魯 11（Ruiru 11），這 3 年來才又多了巴提恩種（Batian）。SL28 獨特的酸質風味，幾乎等同於肯亞精品咖啡的代名詞，但究竟這兩大由「史考特實驗室」（Scott Laboratories；簡稱 SL）培育出來的一代名種，到底源自何處？在極端氣候影響產量日減下，又有何品種可供替代？

　　其實 SL28 和 SL34 都是經過多次培育的篩選品種，要特別注意的是，實驗室由不同產區遴選出 42 棵樹種作為研究，SL 只是該研發系列的名稱，嚴格來說不表示全系出同種。

　　由殖民地政府創建於 1922 年的「史考特農業實驗室」，如今已更名為「肯亞全國農業實驗室」（簡稱 NARL）。實驗室原本所在的建築初建於 1913 年，最早是療養院，在第一次世界大戰期間作為戰爭醫院，並以蘇格蘭教會的傳教士亨利‧史考特博士來命名，因此當 1922 年肯亞農業部接管時，特別命名為「史

（右）我會採用盲測（Blind cupping），不看處理場名稱也不看品種，先取高分所要的批次，接著以樣品編碼來溯源處理場、品種、處理法等 3 大重點。

（下）筆者造訪農業實驗室。

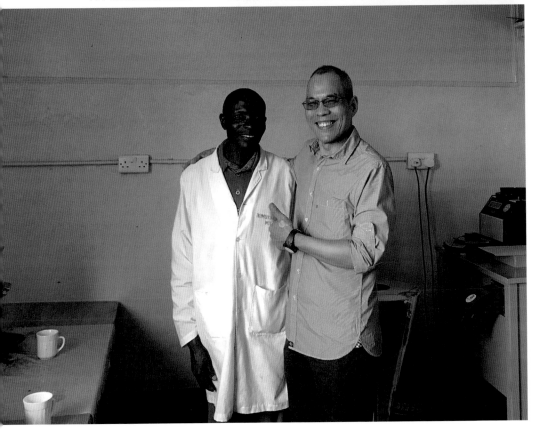

筆者 2018 年拜訪尼耶利產區所拍的 SL28 品種。　　加昆杜農民種植的 SL28 咖啡樹開花盛狀。

入口處有 KALRO 的 LOGO 與機構全名（圖中右邊的白色招牌）。

考特農業實驗室」。

　　肯亞農業部的咖啡辦公室在 1934 年也搬至史考特實驗室，政府提供 24 英畝土地用於咖啡研究，其中也包括咖啡栽種實驗林區。史考特實驗室成立的宗旨是「對進口的咖啡品種做廣泛試驗，研究並選出具理想特性的單一樹種種植」，提供給農民技術諮詢與栽種相關訓練；其他工作還包括生產量試驗、嫁接試驗、修剪枝、遮蔭栽種試驗和根部覆蓋作物等。1944 年，肯亞政府決定將咖啡研究室轉到面積更大、實驗設施也更精良的「咖啡研究機構」（Coffee Reserarch Institute，隸屬於 KALRO），位於盧依魯（Ruiru）以北 20 英里，占地 380 英畝，從 1949 年開始運行至今。

　　SL28 是非洲最知名和最受歡迎的品種之一，具有 3 大特色：容易栽種不需特別照顧，豆型大顆收穫量高，風味品質甚佳。從 20 世紀 1930 年代由肯亞當局釋出後，先在肯亞栽種再傳播到烏干達，目前連在中美洲也廣受注目。此品種適合中高海拔地區，有抗乾旱能力，但仍易感染主要的咖啡病害。

　　根據文獻記載，在 1931 年，史考特實驗室的官員傅區（A.D. Trench）到坦干依喀區（現在的坦桑尼亞）進行田野調查，他注意到摩都立區（Moduli）種植的一個咖啡樹品種似乎對乾旱、疾病與害蟲具有耐病性，於是收集種籽並帶回史考特實驗室。1935 年，實驗室從坦干依喀抗旱種群選出單一樹種後又不斷經過育種改良，最後終於推出摩都立區後代的 SL28。而近年來的基因研究，已經證實了 SL28 隸屬於波旁基因群組。

　　而另一支名種史考特 34 也源自同一個實驗室。1935 年至 1939 年間，史考特實驗室常與當地農場合作，在肯亞卡貝特區（Kabete，位於奈洛比往祈安布的方向）的洛雷蕭莊園（Loresho

▄ 尋豆筆記 ▄

法國傳教士與波旁種

傳說屬於 Spiritans 派的法國傳教士，於 1893 年在位於肯亞塔宜塔山丘的布拉（Bura）建立傳教處，並在附近栽種了他們由留尼旺島帶來的波旁種籽。1899 年，在布拉種植的幼苗又被帶到聖奧斯汀（現在首都奈洛比附近），傳教士將種籽分給願意種植咖啡的居民。也因此波旁種又被稱為「法國傳教士咖啡」。

隨著時間推移，肯亞當局持續研究選擇和育種，以期解決咖啡漿果病、增強抗旱性、穩定風味品質，抵抗葉銹病與粉蚧等病蟲害，遂也引進其他品種，包括 1931 年引進牙買加藍山種以及後來的 K7 和 K20，分別於 1934 年在梅魯區種植，前者可抗葉鏽病，但風味較差；後者容易出現咖啡果蠹蟲病。在 1986 年發佈了盧依魯 11，這品種可對抗咖啡炭疽病和葉鏽病等病害，但還是有羅布斯達（Robusta）種基因，導致風味品質遠低於原本 SL 品種；之後發佈的最新品種巴提恩（Batian）能保留了大顆豆型與高產能的兩大特色，其風味也比盧依魯 11 好很多。

盧依魯 11 是偏矮小的樹種，與 SL28、巴提恩一起比較就更明顯。

巴提恩種（Batian），豆型大顆、樹種高大。

Estate）選出一棵咖啡樹作為 SL34 系列的品種來源。這是實驗室與私人莊園的合作，當時樹種被貼上「法國傳教士（French Mission）」的標籤，因此 SL34 曾被認為也系出波旁種，不過根據世界咖啡研究組織的說明，SL34 經基因測試後，其實更接近鐵皮卡（Typica）的遺傳因子。實際杯測同一來源的 SL34 與 SL28，就很容易察覺兩者不同——SL34 的酸度較溫和，而 SL28 更濃郁且明亮。SL28 的風味確實帶有原始波旁明亮的調性、甚至摩卡原始種豐富的酸，與其他更複雜的風味與濃郁觸感。最特別的是，唯栽種在肯亞的 SL28 能有此鮮明的調性，栽種在他國的 SL28 僅有相似風味而已。

SL28 在咖啡世界捲起的風潮

2008 年，我前往薩爾瓦多境內位於聖安娜火山的夢幻莊園（超過 1,800 公尺的高海拔），拿到當地產的 SL28 種，風味雖細緻，但酸質勁道還是無法取代肯亞的強度。誠然，酸與風味的強度（Intensity）不是品質的唯一考量，不過當我們探討品種特性時，就必須把在肯亞的整體飲用經驗考量進去，這也是史考特 28 種引人入勝之處。

2018 年，我再度拿到薩國好風莊園（海拔 1,200 公尺）出產的 SL28，莊園主特別以蜜處理法進行後製，其風味已不同於肯亞原產地——有蜂蜜與甜萊姆汁、些微的紅莓果，餘味的花香與焦糖甜，很討喜。在各大咖啡國度，包括巴拿馬著名的翡翠莊園、瓜地馬拉的聖費麗莎全都加入栽種 SL28 的行列，她的風潮蔚然成形。

深入寶庫！
肯亞尋豆之旅

Kanya

以下列舉杯測 4 個處理場的批次，皆為 2017～2018 年最新的肯亞尋豆記錄，供大家參考。

☕ 尋豆之旅（1）：威立亞處理場（Mwiria Factory）

隸屬於剛朵利 FCS 合作社，位於肯亞首都奈洛比以北約 150 公里的恩布郡（Embu County）產區，海拔約 1,690～1,750 公尺，該合作社約有成員 1,080 人。主要的咖啡果實來自奇里居（Kirigi）、奇妮（Kiini）、慕康固（Mukangu）與卡商嘉利（Kathangari）這 4 個村落，處理場規定旗下成員必須長年栽種咖啡，不可任意更換種植其他作物，幾乎所有會員都遵守合作社的政策，也有極高的向心力。每個農民平均約種植 350 棵咖啡樹，面積約 1 公頃左右。本地區的農民也種植其他經濟作物，包括百香果、香蕉、高麗菜、胡蘿蔔和茶葉等；處理場在旺季期間僱用 3 名管理人員及 30 名臨時工來應付繁忙的採收處理期。

威立亞處理場設有 9 個廢水坑，可收集、處理水洗與發酵生產過程中產生的廢水，防堵廢水對河流造成污染。成熟果實摘下後，會集中送到處理場的接收區，將成熟櫻桃先浸泡並進行分離未熟與雜質之程序，再經過加工除去果皮和果肉，這即是本區著名的「肯亞濕式加工法」，整個過程產生的廢水會先置於浸泡坑中，接著再進行循環與再利用。

　　威立亞處理場有多段監控與處理階段，例如分離果皮與初步的去掉果膠層，使用具有 3 組碟盤的去皮肉機，以去除咖啡果實外層的果皮及硬殼外的果肉。發酵是採用「雙重發酵法」，在完成果肉去除後，會進行一整晚的發酵作業以分解醣類與果膠質層，然後視剝離情況是否完整再進行洗淨程序。接著浸泡，之後再洗淨，確認果膠層處理乾淨後，將帶殼豆均勻散布在架高的乾燥檯上，從發酵到棚架日曬前的過程約需 48 ～ 72 小時。上乾燥檯的乾燥時間則取決於天氣、環境溫度和加工量等條件，總共約需要 15 天，等含水率達到 11.5% 左右，再移至陰涼的木製儲存區放置曬乾的帶殼豆，之後送往乾處理場做最後的去殼分級與銷售。以 2017 年為例，它最優的 AA-AB-PB 豆子合計有 80% 送拍賣局，僅有 20% 是透過第二窗口直接銷售給國外買家的代表。

威立亞處理場資料與杯測報告

■**產區**：尼耶利（Nyeri）恩布郡（Embu County）

■**海拔**：1,690 ～ 1,750 公尺

■**會員**：1,080 人

■**品種**：SL28、SL34

■**處理法**：肯亞式水洗

■**採收期**：2017 年

杯測報告

■**烘焙度**：淺焙 M0+

■**乾香**：花香、檸檬、蜂蜜。

■**濕香**：香草、奶油香、蜂蜜甜與明亮果酸香。

■**啜吸風味**：檸檬酸香與蜂蜜甜明顯，油脂感很好，香草植物、蜂蜜甜、紅色莓果、黑醋栗、黑巧克力，餘韻持久。

☕ 尋豆之旅（2）：卡薩瓦處理場（Kathakwa Fatory）

2017 年肯亞的咖啡產量持續衰退，生豆價格飆漲，整年度產季幾乎沒有贏家。我在該年初的主產季進駐肯亞約一週，持續杯測百來批樣品，最終挑定 12 個批次引進台灣，其中的卡薩瓦，上市後引起不少饕客持續追逐。

卡薩瓦處理場位於恩布郡，海拔 1,600 公尺以上，成立於 1964 年，目前有 1,050 個小農會員，是奇布谷合作社（Kibugu FCS）旗下的小型初級處理場與村里合作社，卡薩瓦的農民來自 Kibugu 與 Nguviu 兩個村落，目前的處理場經理是 John Njue Kamwengu。在主採收期，John 會多僱用幾位臨時工作者來協助他繁忙的品管與處理作業。

卡薩瓦區的年雨量約 1,500 公釐，而主雨季是 3 至 5 月，10 至 12 月是次雨季，恰好也是兩大產季的分野，11 月至 1 月是主採收季，5 至 6 月是次採收季，年均溫僅攝氏 12 至 25 度。

每位農民平均擁有 200 棵咖啡樹，大部分栽種樹種為 SL28，有少量的盧依魯 11 用來提升產量並作為病害時的替代樹種。

卡薩瓦自九〇年代開始以提供精品豆著稱，雖然年產量少但合作社樂於學習並參加「咖啡管理服務項目」（CMS）的協助。此項目長期的目標是透過對農民的教育訓練、農業貸款、「良好農業實踐研討會」以及每年持續更新的「可持續農業手冊」等方式來增加咖啡生產。例如有農民建議，由合作社提供肥料，用來擴大產果量。說來難以置信，肯亞咖啡農繳交櫻桃果後，平均要 5 個月才能拿到現金，因此，合作社的財務與現金周轉能力決定了旗下咖啡農的向心力與提升品質的能力，「想要有好品質，先解決冗長的付款機制」，引進 CMS 是大躍進！

　　卡薩瓦與下文的加昆杜合作社一樣，都已通過 4C 和 Cafe Practices 的認證，也就是由採購者向生產者支付更好的價錢，讓果農更早領取現金，讓咖啡農與直接採購者產生目標上的交集。與咖啡農建立透明與信任的關係，才有助於支持採購果實加工模式的品質穩定與持續發展，對於提高肯亞優質咖啡的生產標準是非常重要的。本批次的級數為 AB，屬歐舍直接採購獨家批次。

卡薩瓦處理場資料與杯測報告

- ■產區：尼耶利（Nyeri）恩布郡（Embu County）
- ■合作社：隸屬奇布谷合作社（Kibugu FCS）體系
- ■品種：SL28、Ruiru11
- ■海拔：1,600 ～ 1,700 公尺
- ■成員：1050 人
- ■採收期：2017 年
- ■處理法：肯亞式水洗
- ■級數：Special AB Grade
- ■標示：歐舍直接批次

杯測報告：歐舍烘焙度 M0+

- ■啜吸風味：細膩、深色莓果、乾淨度佳、蜂蜜甜、黑醋栗、餘味很持久。

卡薩瓦水洗場大門。

卡薩瓦的棚架日曬區。

☕ 尋豆之旅（3）：加昆杜合作社（Gakundu FCS）

2017 年市場的總需求未能得到滿足，加昆杜一批精挑小圓豆以優異品質脫穎而出。通常圓豆（Peaberry）的價錢遠低於大顆的 AA，但這批加昆杜豆子有出眾的品質，輕易就讓合作社以好售價直接賣給歐舍（透過第二窗口交易）。

加昆杜合作社成立於 1960 年代，旗下一共有 4 個處理場，包括加昆杜、加庫義（Gakui）、坎威屋（Kamviu）、吉邱祖（Gichugu），合作社的成員均由小農戶組成，超過 3,000 人，均來自海拔約 1,720 公尺的恩多里地區。每戶農民平均擁有 250 棵咖啡樹，大部分栽種 SL28 和少部分的盧伊魯。本區位於肯亞山脈，同樣使用肯亞式水洗處理法，大大受益於肥沃的火山紅土與卡坪卡吉（Kapingazi）河。主採收季在 10 ～ 12 月，次生產季在 4 ～ 5 月。如前所述，加昆杜合作社已通過 4C 和 Cafe Practices 的認證，正在接受「咖啡管理服務項目（CMS）」的協助，例如有農民建議，由合作社提供肥料以提高產果量。

加昆杜合作社資料與杯測報告

■ **產區**：尼耶利（Nyeri）恩布郡（Embu County）

■ **品種**：SL28、Ruiru11

■ **海拔**：1,720 公尺

■ **會員數**：3,654 人

■ **處理法**：肯亞式水洗

杯測報告：

■ **烘焙度**　淺焙 M0+

■ **杯測風味**　覆盆子、黑櫻桃、蜂蜜、紅醋栗、巧克力

加昆杜合作社的宣示牌。

尋豆之旅（4）：蓋沙伊西農民合作社（Gathaithi FSC）

　　蓋沙伊西農民合作社位於中部的尼耶利。尼耶利屬肯亞最著名的咖啡產區，這區咖啡農出售果實的收入往往比別區多 20% 以上。由於發展得早，本區有很多的水洗場，咖啡農可自由出售果實，並無法律強制要求果實只能出售給特定處理場；相對的，誰出價高，果農出售果實的意願就高，也算良性競爭。水洗場送拍的生豆品質高，高價競標的機會多，讓國際買家持續追逐選購，處理場就有更高的本錢來收購高品質的果實，甚至提供預付現金的服務。水洗場的經理彼得卡里耶（Peter Karienye）告訴我，2018 年尼耶利區產出的高品質果實在扣除處理成本後竟可以拿到 90%，對咖啡農來說這委實是豐碩的收入。

　　蓋沙伊西水洗場成立於 2000 年，之前隸屬於鐵圖大合作社（Tetu FSC），目前有 1,542 個會員，水洗場周邊的地勢恰位於肯亞山與阿伯德爾的交界，擁有肥沃火山紅土，年雨量約 1,100 公厘，海拔 1,650 公尺以上，年均溫約 16～26℃，即使日正當中也不至於太熾熱。

　　主採收季為 9 月～隔年 1 月，占 70% 的年收穫量；次採收季為 4～7 月，占 30% 的收穫量。因年份與雨量對產量會有很大的影響，彼得告訴我說：蓋沙伊西有年產 120 噸生豆（約 8 個貨櫃）的能力，但 2018 卻僅有 60 噸（4 個貨櫃），原因是只有收穫 42 萬公斤的果實（約 7 公斤果實可製成 1 公斤的精品生豆）。

彼得說 2017 年就更慘了，生豆少到只有 4 萬多公斤！因此，做好農民服務很重要，尤其合作社必須提供生產品質的諮詢與財務輔助。

蓋沙西水洗場入口石牆上的招牌。

蓋沙伊西杜合作社資料與杯測報告

■**產區**：尼耶利（Nyeri）加奇區（Gaki）

■**品種**：SL28、Ruiru11

■**海拔**：1,720 公尺

■**會員數**：1,542 人

■**處理法**：肯亞式水洗

杯測報告：

■**烘焙度**：淺焙 M0+

■**杯測風味**：玫瑰花、黑醋栗、覆盆子、香草、蜂蜜、巧克力

篩選過的高品質的成熟果實，放入櫻桃接收槽內。

浸泡槽。右邊為清洗渠道，發酵後的帶殼豆會在清洗渠道清洗，並按密度重重篩選，洗乾淨後導入右側的槽內，以乾淨的河水浸置。

離開第一次發酵槽的清洗渠道，彼得帶領我們並解說後製的所有過程。

蓋沙伊西的日曬棚架場。

從咖啡小國到精品大國的咖啡中興之路

盧安達

> **Rwanda**

盧安達在傳統咖啡業界的份量不如肯亞、衣索匹亞兩個
大國,但日益崛起的口碑讓國際精品圈趨之若鶩,也讓
鄰國烏干達、剛果紛紛效法。

首都:吉佳利(Kigali)
官方語言:盧安達語、法語、英語。
主產區的海拔高度:1,200 ～ 2,000 公尺
主要品種:波旁 -BM139 與波旁 -BM71
年產量:約 18,000 噸
主流處理法:半水洗與水洗豆的比例約 1:3

　　盧安達在內戰後民生凋零，但迅速引入國際援助的珍珠計畫與卓越盃競賽，聚焦精品咖啡策略，不但成功的躍上世界精品舞台，就連傳統的咖啡大國衣索匹亞、亞洲的印尼、印度都打算起而效尤。

　　盧安達咖啡初步的成功，可歸納為國際援助與總統卡加梅的強勢領導，但到底盧安達有何值得尋豆師萬里迢迢前往採購的特色？我將與各位分享盧國的咖啡發展歷程、影響巨大的珍珠計畫與卓越盃競賽，以及最實際的咖啡情勢分析與採購經驗。

悲傷的歷史：大屠殺與咖啡援助計劃

　　盧安達是距離台灣相當遙遠的東非內陸小國，1994 年的種族大屠殺震撼世界。背景要回溯到 1962 年，盧安達與蒲隆地分離並獨立，但隨之而來的卻是無止盡的血腥戰亂——流亡鄰國的圖西族攻打盧國，執政的胡圖族於是對國內圖西族展開大規模鎮壓加以報復。

　　1990 年，盧安達愛國陣線由北部入侵引發內戰，藉由軍事政變上台的哈比亞利馬納 ❶ 勢力逐漸削弱，雖在 1993 年雙方簽訂《阿魯沙協定》，但隔年的 4 月 6 日，哈比亞利馬納乘坐的專機在首都機場附近被飛彈擊落身亡，成為盧安達大屠殺的導火線，其後短短的 100 天內，盧安達臨時政府殺害了近 100 萬的圖西族人和部分主張和平的胡圖族與特瓦族人。

　　由出身圖西族的保羅・卡加梅（Paul Kagame）領導的盧安

---

*❶　哈比亞利馬納（Juvénal Habyarimana，1937 年 3 月 8 日～ 1994 年 4 月 6 日）。

達愛國陣線隨後由首都重啟攻勢，逐步取得國家控制權，到該年7月中旬控制全國，200萬胡圖族人因擔心被報復而逃往鄰國，內戰也重挫盧安達的經濟，成為當時全球最貧窮、亟待援助的國家之一。

非洲諸國到底有多少國際援助計畫？根據世界銀行資助的國際發展協會（International Development Association，簡稱IDA）統計，2007～2017年，該協會在非洲執行的專案就超過1,200個。經常贊助各國農業的美國對外援助署，每年在非洲也有50個以上的援助計畫，顯見國際金援在非洲實屬稀鬆平常。

但盧安達大筆的國際援助，卻是由大量生命犧牲所換來的，尤其大屠殺結束後，西方國家對大屠殺期間的無作為感到內疚，挹注大筆資金以重建盧安達，當年盧安達國外援助的金援，竟然占年度預算的50%以上，也幸而掌舵的總統保羅·卡加梅沒有如其他非洲獨裁者般中飽私囊，盧安達的咖啡才有今日的榮景。

強人當政，咖啡產業領頭振衰起敝

保羅·卡加梅深知盧安達的經濟命脈在農業，也了解咖啡的潛力，在國際援助與總統本人大力支持下，咖啡成為盧安達振衰起敝的重點產業。卡加梅為推廣盧安達咖啡，在2006年親自赴美拜見知名企業好市多（Costo）執行長，成功將盧安達咖啡推銷到好市多的貨架與星巴克的豆單上，他也引入由美國提出6年的珍珠計畫、拍板舉辦卓越盃的咖啡競賽，還親自出席頒獎典禮，一國元首對於咖啡產業的投入，舉世罕見。

大屠殺發生時保羅·卡加梅年僅36歲，他帶領反抗軍對抗武器精良的政府軍，擊敗對手奪回政權並出任副總統，2003年

當選總統並於 2010 年連任，之後執政黨推動憲改讓他得以第三
度當選並續任總統。

　　外界對卡加梅的評價兩極，如同其他政治強人，他對異議
人士鉗制言論自由，並對媒體進行系統性的壓制與排擠，但在
於他治理下也繳出高速經濟成長的成績單，他的口號是將盧安
達打造成「非洲新加坡」，連續 14 年 GDP 年成長率達 7% 以上，
是全球平均值的 3 倍，盧安達近年來成為非洲經濟成長最快、
競爭力最強，也相對安全與乾淨的國家。

　　非洲有不少當權者斂權又斂財，即便有大量的國際援助，
最後大多進了獨裁者的私人口袋，資源往往無法落實到改善民
生的計畫，卡加梅從 2000 年上任至今，雖已成為全球各國在位
最久的總統，但不聚斂個人錢財的風格確實罕見，盧安達政府
的清廉指數在非洲名列前茅，被國際發展組織視為由崩毀邊緣

盧安達總統保羅‧卡加梅於街道演說。

站起的典範，國際援助能夠真正被執行，也是盧安達咖啡復興
的關鍵。

　　卡加梅沒讓屠殺的仇恨拖垮經濟，也沒因掌權而極度貪腐，
這都是盧安達能脫胎換骨的關鍵因素，可以這麼說，因為國際
資金的大筆援助以及保羅・卡加梅的強勢領導，盧安達的咖啡
產業，才有今天的地位。

珍珠計畫與國際接軌，咖啡躍升精品化

　　1994 年種族滅絕，爾後國際援助紛紛前來盧安達，由提姆・
席林（Tim Schilling）領導的「珍珠計畫」，為盧安達咖啡產業
注入一劑強心劑。珍珠計畫（PEARL）原文是 The Partnership
for Enhancing Agriculture in Rwanda through Linkages，意為「聯
繫與促進盧安達農業發展伙伴關係計畫」，目的是促進盧安達
農業改良與提升農民的收入與永續發展，由美國國際開發總署
（USAID）資助，珍珠計畫以及隨後的 SPREAD 計畫，都要求
收入的多數金額必須用於農業生產者身上。

盧安達建立清晰的風土咖啡策略，
可回溯到處理場日批次的產區履歷。

　　珍珠計畫優先挑選咖啡產業做為重點，原因是可以在短期內為人數眾多的咖啡農創造收入，並可中長期持續的發展。當時盧安達的咖啡產業極度缺乏基礎設施，長年來的低品質也造成甩不去的低價標籤，要從基礎建立精品咖啡體系談何容易？看來似乎遙不可及，但珍珠計畫做到了！

　　珍珠計畫裡不只是農業技術的引入與改良，還有與國際接軌的大膽創意，除了教育訓練種籽教官、成立推廣機構，指導農民栽種修枝的技術課程，建立水洗場的細部作業規範外，更引進國際買家，建立買賣雙方的緊密網絡；參加全球各大主要咖啡展，以推廣盧安達的國家形象品牌；緊黏卓越盃（Cup of Excellence Program，簡稱 CoE）的競賽效益，打入全球最高端的精品咖啡市場；建立供需雙方的垂直透明系統，鼓勵全球買家於採收季參訪……種種措施發揮了作用。

　　盧安達並非傳統的咖啡生產大國，珍珠計畫將 19 位年輕專家送到美國培訓授與學位，成為「種籽教官」回國協助國內培養咖啡專家，從人才開始逐步建構。另一個重頭戲是導入非洲首度的卓越盃競賽，有了國際性的精品咖啡評選制度加持，盧安達咖啡不再只有美國與英國的買家進場，北歐與亞洲買家也隨之而來，成為繼肯亞與衣索匹亞之後，非洲第三個能以生產精品豆為傲的產地國。

　　卡加梅總統對咖啡極為重視，不但參加珍珠計畫的發表儀式，2008 年盧國首度主辦卓越盃的頒獎典禮也親自到場主持。我曾參加過 30 餘場世界各國的卓越盃競賽，盧安達的安檢無疑是最嚴謹的一場，評審們被安全人員要求試按數位相機的快門並檢視畫面，確認無任何夾帶武器的可能。

舉辦卓越盃，非洲第一

在《尋豆師》中我曾詳細介紹卓越盃競賽，目前有 11 個咖啡生產國舉辦卓越盃的年度咖啡大賽，使得這個平台成為世界上最重要的精品咖啡豆評選機制。珍珠計畫一開始就想讓盧安達成為非洲第一個卓越盃舉辦國，執行長提姆博士在 2006 年與卓越咖啡組織（ACE）創辦人蘇西（Suise）達成共識，並於 2007 試辦一場取名為金盃大賽（Crop of Gold）的模擬賽，當作卓越盃的熱身賽，目的在於讓所有工作人員，包括國際評審與後勤作業，都能按照卓越盃嚴謹的技術流程操作一遍。參與競標的咖啡在成績揭曉後，由參加評比的國際評審當場以傳統喊標的方式來競標，以便隔年能成功舉辦正式競賽。

卓越盃規定必須揭露生產者的名單，讓咖啡農直接認識國際評審與未來的各國買家，鼓勵水洗場與咖啡農將最好的咖啡豆交付競賽，參賽者按規則與流程，必須要經過 5 個評測與考驗，最後進入優勝的批次往往不到 30 個，這讓更多的優質小農參賽，也提高各國買家了解當地優質咖啡的興趣。

不僅如此，卓越盃主審保羅‧桑格（Paul Songer）花了 3 年以上的時間，找出盧安達優質批次的風味輪廓，如西部著名的奇伏湖區（Lake Kivu）的樣品風味，整理出 30 個以上的常見杯測描述，包括風味、觸感與基礎的甜度與酸度等。這些研究需要專業團隊長時間投入與分析，而這正是卓越組織的強項。

激勵咖啡農，貨出得去，收入也提高！

2008 年卓越盃競賽結束後，我與保羅‧桑格及著名的大師

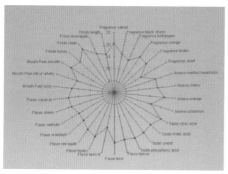

保羅•桑格提出的盧安達風味輪廓，包括青蘋果、核桃、醋栗、桑葚、櫻桃、萊姆、柳橙等，這些類型常出現於優質的盧安達咖啡。

盧安達政府於 2008 首屆卓越盃舉辦前，大型的競賽告示牌在首都吉佳利與各省區隨處可見。

盧安達總統保羅‧卡加梅與卓越盃創辦人蘇西攝於頒獎典禮。

卓越盃創辦人蘇西頒給我的國際評審證書。

首屆卓越盃國際評審與競賽工作人員合影。

喬治・威爾（George Howell），一同前往奇伏湖區共同杯測與深度探訪該區著名的合作社與水洗場，強化卓越組織對盧安達咖啡的研究深度。

引入卓越盃之前，盧安達大多數咖啡都被混豆處理，缺乏區隔不同品質的方法，也難以具體描述好品質的風味特色，好豆往往被埋沒。卓越盃引進後，透過國際專家深入的記錄與討論，讓盧安達咖啡的風土特色有利於國際推廣。而在卓越盃奪冠的莊園（生產者）也從此聲名大噪，冠軍的精采歷程是最動人的勵志故事，讓以往只注重栽採果實數量的咖啡農，開始在品質上下工夫，並與水洗場密切合作拿出最佳風味的批次參選。

卓越盃競賽提升了水洗場與果農生產好咖啡的強大動力，對果農所在區域與附近水洗場的評價與知名度都有大幅提升效果，咖啡交易量與交易價雙重提升，盧安達也藉此擺脫以往的「商業咖啡」印象，蛻變為「精品咖啡」產地國一員。冠上 CoE 優勝的咖啡或處理場，不僅國際買家注目，只要拿得出好品質的豆子，往往可賣出好價錢，如此形成正向循環的交易模式。

收購價最高達 17 倍！品質自然變好

比利時殖民政府於 1930 年開始，仿效鄰國蒲隆地的殖民栽種統治方式，將咖啡設定為盧安達的強制作物，高產量又廉價的盧安達咖啡成為比利時的海外禁臠，殖民政府刻意採低交易價與高出口稅，使得栽種咖啡所得甚低，也造成低品質的惡性循環，即便到二十世紀末，盧安達咖啡也僅是東非洲的一個商業咖啡產豆國。

盧安達雖是內陸小國但人口密集，咖啡種植的根基不錯，

盧安達大約有 40 多萬的小農，平均每人約栽種 170 棵咖啡樹，海拔高度約在 1,200 ～ 2,000 公尺間，2000 年時全國僅 2 家咖啡水洗場，目前已近 300 家咖啡水洗場。品質變好並非是因改種其他品種，主要是農民願意接受教育、改變栽種方式，而誘因很簡單，就是提高收入。

以往咖啡農採果不分級，無論是鮮紅成熟、僅是微紅或甚至過熟果實，農民全然不分品質差異，通通往水洗場送，2000 年時每公斤咖啡果實只賣 20 美分。而隨著政府導入精品政策，水洗場在全國各地設立，農民被教育只摘採好品質果實，且水洗場接收時也分級檢視，品質不佳將被踢除，賣價變成以往的兩倍且逐年成長，到 2011 年，好的咖啡果實每公斤收購價高達 3.5 美元，價格足足翻漲了 17 倍！

其實盧安達國民並無喝咖啡的習慣，生產的咖啡幾乎 100% 出口，年產量約 18,000 噸（MT），主要生產類別有傳統的半水洗咖啡（Semi-washed coffee），與政府近年來大力支持的水洗咖啡（Washed Coffee），由下頁圖可以看出半洗與水洗豆的比例已由 2010 年的 3:1，轉變為 2017 年的 1:3。半洗豆屬於農民在家簡易處理的模式，品質較低；水洗法必須送達水洗場一貫作業處理，品質較優，也是公認的盧安達精品豆的處理模式。

2018 年盧安達的水洗場已近 300 家，廣設水洗場讓水洗豆產量大增。盧國由傳統品質不一、混雜陽春型的半洗咖啡，躍向品質更均一的水洗式，讓整體品質更穩定且有利「明亮水果、迷人花香」的風味推廣。如果僅比較產量或品質兩項條件，盧安達在非洲諸國中，其實並不算特別有競爭力，低資本投入、小農為主，夾雜在衣索匹亞、肯亞二個咖啡大國中，不易脫穎而出，條件甚至不如坦桑尼亞。但盧安達的咖啡產業有故事、

有政府魄力，這形成有利的角逐本錢，國家農業出口局（National agricultural export development board，簡稱 NABE）樂觀評估，2018 年較高品質的水洗豆將占產量的 75% ，足以證明，盧安達確實往正面的路徑前行。

　　有趣的是，精品買家陸續前來盧安達訪豆，因為採購不同的處理法豆子，也提升風味廣度的可能性。大約 2017 年開始，盧安達已有少量的日曬法與蜜處理法進行，唯數量相當少，官方態度仍不明確。國家農業出口局發佈資料顯示， 2017 年有 130 噸的日曬批次與 50 噸的蜜處理批次生產並出口。

　　日曬豆方面，國外買家會與 Gatare、Nyungwe、Muhura 及 Gishyita 等 4 個水洗場合作 ，而蜜處理豆則來自於 Umurage ，Twongerekawa Coko 等處理場，目前尚不了解 2018 ～ 2019 產季是否有更多水洗場投入這兩種處理法，但對於國際買家來說，這是一個很好的趨勢發展。

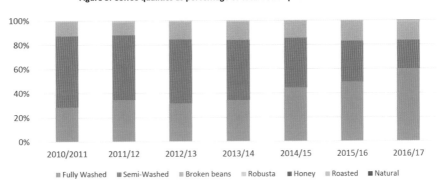

Figure 5. Coffee qualities as percentage of total coffee production in Rwanda

Source: NAEB Annual Reports

盧安達生產咖啡的品質與所占總量的比例。

主流種：兼有風味及壯種優勢的波旁種

盧安達的採收季由 3 月到 8 月，氣候變遷下，通常 4 月才有較多的產量，但也有 7 月就結束採收的情況發生。盧安達主要的咖啡產區如南部的 Huye、Nyamagabe，西部的奇伏湖區、Nyamasheke、Karongi、Gakene、Rutsiro 都是名產區，產區間的距離雖不算遙遠，但因氣候與海拔高度的關係，各產區的採收期還是有差異的。

*盧安達主要產區

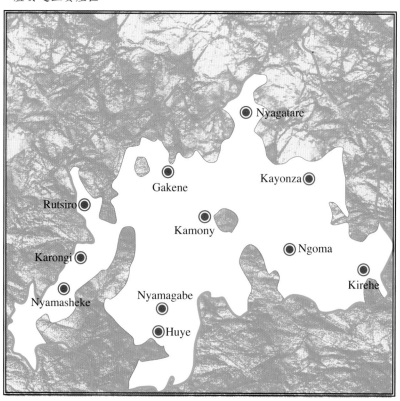

BM139 種的果實與綠葉，其葉片呈現長條捲曲狀，迴異與中美洲的波旁種。

　　咖啡農的果園通常很小，多數是自家庭園與自行採摘的家庭營運方式，而每戶栽種的果樹通常不超過 200 棵。如今水洗場遍佈全國，農民會選擇出價較高的水洗場、或以市場收購價來協商售價，增加收入的農民也開始投資生財器具或增購土地來增加栽種的咖啡樹。

　　盧安達的品種有 90% 以上是早期引進的波旁種，以及波旁家族的混合品種，已然具備在地強化種的條件（Land Race Variety），在中美洲多數波旁種飽受葉鏽病與其他病害攻擊、果農長年施以化學藥物對抗的惡劣情況下，中美洲的波旁優勢正逐漸消失，取而代之的是新栽培的混種。相比之下，盧安達波旁種仍享有風味及壯種的優勢。

　　盧安達最常見的品種包括 BM 139 與 BM 71（即波旁 - 瑪雅圭斯 139 與波旁 - 瑪雅圭斯 71），現在仍有年代久遠的老樹，有些早在 1950 年代由波多黎各傳到剛果再引進盧安達，時間已長達 50 年之久。除了 BM 139 與 BM 71，還包括 Pop 330 /21，傳說由瓜地馬拉引入，種性接近鐵皮卡的摩比瑞茲種（Mibilizi），

以及傑克森種（Jackson），也有少數的 Catuai、Caturra 140 與盧安達哈拉種（Rwanda Harrar）。

精實的兩階段篩選與水洗處理

咖啡農在採收後會將未熟和過熟的果實以手工揀取分類，或是將果實泡水以淘汰浮起的低密度果實，處理場也會將果實泡在水桶裡，篩掉浮起來的果實與雜物。分類後咖啡農將果實送到水洗場，再次以手工挑選，以因應水洗場的嚴格篩選。

盧安達咖啡摘採季節氣候相對涼爽，有利於控制發酵過程，果實初篩後用傳統的 3 碟式去皮碎漿機，去皮機多數選用「佩納戈斯（Penagos eco pulper）」這個品牌，除了果皮還可去掉約 80% 的果膠層。去除果皮後先將咖啡分成 2～3 個等級（如 A，B 和 C），接著引入發酵槽進行長達 14～16 小時的發酵，但具體的發酵時間取決於各水洗場的氣候與溫度。

去果皮與果膠後的帶殼豆放置於發酵槽，進行水下的有水發酵，發酵完成後引入清洗渠道，並在通道中分級與洗滌，通常按照帶殼豆的密度將其分成兩個等級（渠道清洗與分級類似肯亞的後處理做法）。在某些情況下，會再次浸泡在水箱中的清水中長達 12～20 小時，這種慢速發酵與之後的清洗對於乾淨度與酸質來說很重要。

經過發酵清洗的帶殼豆放置到棚架上日曬乾燥，並進行篩選，過程中工人一邊用手撥動豆子，同時把顏色不對、蟲害、不規則豆型的豆子汰除，當含水量約 12% 左右，按批次入倉，並準備運往首都的乾處理場進行去殼分級的後製。

盧安達
咖啡豆水洗處理流程

1.

農戶正在挑選較優品質的果實，必須分別在咖啡園與水洗場做兩階段的手工篩選。

4.

左邊為帶殼豆，右邊為脫落的果皮與雜物。

2.

果實藉著水流入機器，以便進行去果皮、發酵及後續刷洗作業。

有水發酵槽。

3.

去皮與果膠層的機器，去皮完成後引入水道流入發酵槽。

5.

鋪上棚架開始日曬。

141

奇伏湖與赫赫有名的尼拉貢戈火山（Nyiragongo Volcano），是活火山仍會冒煙。

深入寶庫！
盧安達尋豆之旅

Rwanda

 尋豆之旅 (1) 奇伏湖區：火山湖中的小島咖啡園

2008 年因擔任非洲首度 CoE 競賽的國際評審，得以深入拜訪盧安達南部與西部重要產區，前往奇伏湖區沿途山景優美，奇伏湖是火山湖，地形上隸屬東非大地塹的一部分，湖區的海拔高達 1,500 公尺，我還拜訪了湖中小島的咖啡園，繞島走一圈約一個小時，栽種傳統的波旁 BM139 種，如果這也算島嶼豆的話，應該是舉世罕見的高山島嶼波旁豆了。

當年的初賽檢測發現各水洗場送來的樣品品質都很優異，賽前的記者會上認識了盧安達咖啡局（OCIR）主管亞歷克斯‧肯揚克立（Alex Kanyankole），熟悉後才知道他原在盧國紅茶部門擔任主管，擅長經營與管理，珍珠計畫後被調派來擔任咖啡部最高主管。他說，在珍珠計畫後有越來越多的私人企業或合作社投入建立微型水處理場，戰後農民都很珍惜工作與收入，採收後有水洗場可以當日處理提高他們的收入，農民自然更願意學習修枝、護根、施肥並擴大耕種面積，這是盧安達咖啡持

續進步的關鍵。

　　亞歷克斯建議我前往奇伏湖區拜訪的合作社，尤其是KMC，即奇卜野高山合作社（Kibuye Mountain Coop），這是由尼可拉斯（Nicolas）於 2005 年成立水洗場，集合當地村民把村內優異的咖啡集中處理，他不但爽快地敲定杯測，在我們觀察樣品準備與看到帶殼豆倉儲、分級的過程，都可以發現他是個非常有心經營精品等級的咖啡農。

奇卜野高山合作社（Kibuye Mountain Coop）採購與杯測報告

- ■**產區標示**：位於奇伏湖（Kivu）卡尬耶侯（Kagabiro）奇卜野山區（Kibuye）
- ■**海拔**：1,800 公尺
- ■**品種**：100% 波旁 139(Bourbon)
- ■**採收期**：2008 年 6 月
- ■**處理**：水洗發酵法、採用非洲棚架自然日曬
- ■**等級**：FW Grade A
- ■**外觀／缺點狀**：綠色／0d/350g

杯測報告：烘焙時間 11 分鐘，一爆中段起鍋，約 Cinnamon Roast 焙度

- ■**乾香**：柑橘、香料、花、焦糖、黃金番茄、高山冷杉香氣。
- ■**溼香**：蓮花、葡萄柚、香草植物、薄荷、紅色葡萄、瓜類甜、蜂蜜甜、黑莓果香、香料甜。
- ■**啜吸**：乾淨度好、滑順的觸感、甜感佳、野蜂蜜、焦糖、黑糖、香料甜、白色的花香、黑醋栗與藍莓、哈密瓜甜、烏龍茶尾韻、餘味有細膩的香料與杏桃甜。

尋豆之旅 (2) 馬拉巴區：卓越盃冠軍 MIG 水洗場

MIG 水洗場是 2008 年卓越盃的冠軍，也是盧安達政府於 2004 年創立的「多產業投資集團」（Multisector Investment Group，簡稱 MIG）所成立的水洗場，果實來自知名的馬拉巴區（Maraba）共 300 多戶農民，周邊海拔近 2,000 公尺，日夜溫差大且火山土壤肥沃，微型氣候優異。

MIG 水洗場成立隔年的 2006 年，就直接跟國外買家建立直接銷售關係，農戶們栽種的是 100% 波旁種，此區以香氣飽滿與柑橘莓果風味聞名，採收處理前會經過咖啡農與處理場兩次的手工篩選，採慢速發酵且進行密度篩選，不僅如此，在水洗場 40 個棚架進行日曬乾燥時，還會以人工再做篩選，把色差、蟲害、不規則形狀的豆子打掉，如此精緻的處理過程在非洲罕見，也因此從 2008 年以來我們已經 5 度採購。

馬拉巴 MIG 水洗場採購與杯測報告

- ■**產區標示**：Huye 省 Maraba 區
- ■**海拔**：1600 ～ 2000 公尺
- ■**品種**：100% 波旁種（以 BM139 為主）
- ■**採收期**：2016 年 6 月
- ■**處理**：水洗發酵法、採用非洲棚架自然日曬
- ■**等級**：FW Grade A
- ■**外觀 / 缺點狀**：綠色 / 0d/350g

杯測報告：烘焙時間 10 分，一爆中段起鍋，約 Cinnamon Roast 焙度
■乾香：櫻桃、花香、蜂蜜、櫻桃。
■溼香：花香、香料甜、蜂蜜、青蘋果。
■啜吸：乾淨度很好、明亮的花香與蘋果、觸感細膩、櫻桃巧克力、薄荷感、細緻的香草甜餘味、蜂蜜與巧克力的餘味持久。

採購盧安達精品豆的 4 大策略

　　一、必須考慮出口的限制：盧安達是一個內陸國，咖啡要出口就必須先由陸地運輸到 1,000 多公里外的肯亞或坦桑尼亞裝船出口，因此到盧安達找豆，必須先確定有值得信賴的出口商、水洗場或合作社，通常已有良好的出口經驗。

　　二、到好口碑且可提供優良日批次的水洗場挑豆，先於當地

盧安達波旁種的果實。

做初步篩選杯測後，要再測出口前的樣品確認（PSS），若沒到產區僅在首都出口商處杯測也行，但記得要回溯生產源頭資訊。

三、境外挑豆：這也是距離非洲遙遠的小型烘豆商可採行的模式，或許因為後勤運輸太麻煩，或買的量太少、咖啡農或處理場不願意接待，尋豆師基於成本考量無法來產區，先決條件是仍必須有人負責尋豆與整合買家，其他成員在自己的家鄉測豆，讓大家一起決定選購批次。境外挑豆其實在歐洲已經流行多年，亞洲的日本與韓國也有類似的採購聯盟，派代表前往盧安達挑豆選豆。

四、建立長期可信任的雙方關係：盧安達咖啡風味值與性價比都值得尋豆師投入時間採購，可買到中美洲波旁種已然流失的原古好味，值得花時間與成本與此地優質的水洗場或合作社建立長期採購關係。

臭蟲害與馬鈴薯缺陷味

馬鈴薯味簡稱 PTD（Potato Taste Defects），很刺鼻且有股臭味，就像腐敗的馬鈴薯般，是一種生豆品質上的缺陷與瑕疵，主要在東非洲的坦干尼尬大湖區的周邊咖啡生產國，尤其是蒲隆地與盧安達，任何人都無法保證產於此區的咖啡不會有馬鈴薯味，但透過仔細的篩選處理可降低出現的機會。

我曾在兩次卓越盃比賽前 10 名總決賽中遇到馬鈴薯味，即便原本是前 10 名的候選人，只因全場 8 桌 32 杯樣品中出現 1 杯有馬鈴薯味，就被取消競賽資格，連國際競標都無法參加，可見馬鈴薯味的殺傷力。

馬鈴薯味形成的原因有很多說法，可能是該區裡獨一無

二的複雜昆蟲的侵襲所造成，加州大學昆蟲學家湯瑪斯·米勒（Thomas Miller）指出：馬鈴薯味與大湖區一種名為 Antestia 的臭蟲有關，臭蟲會以咖啡果實為食物，存活在廢棄咖啡園或香蕉樹下的覆蓋物中，並在果實中留下產生代謝反應的細菌，對咖啡產量的破壞力高達 35% 以上。因應對策包括用藥或陷阱捕捉，並在整個生豆供應鏈中進行徹底的分類和分離。

馬鈴薯味有時在生豆就可聞到，多數是在烘焙或者研磨熟豆中可被清晰辨識，但不容易由生豆外觀看出，盧安達的果農在專家帶領下，以陷阱誘捕臭蟲，並在水洗後更嚴格來篩選好豆，確實降低的馬鈴薯味的出現。

根據 NAEB 的品質控管資料顯示，確實呼籲要控制 Antestia 蟲害，盧國政府明白這種臭蟲嚴重危害品質，甚至讓買家卻步，但盧國咖啡產業不喜歡買家以馬鈴薯味來討價還價、甚至當作拒絕履約的條件，探訪盧安達的尋豆者請特別注意談及馬鈴薯缺陷情況的溝通用詞。

奇卜野高山合作社以傳統舞蹈迎賓。

來自非洲之心的恩弓馬咖啡

蒲隆地

Burundi

在比利時人引進咖啡豆之前，蒲隆地並沒有種植咖啡的歷史背景，但肥沃土壤與絕佳條件，再加上 2012 年卓越盃的舉行，十年來讓越來越多農民擁抱這種作物。蒲隆地的精品豆擁有酸甜感與細緻的香料變化，有咖啡大師認為風味之細膩更勝盧安達。

咖啡農：全國約 70 萬人
咖啡出口量：每年約 16 萬袋（60 公斤）
主產地平均海拔：約 1,100 ～ 2,000 公尺
（集中於中部、北部、東西兩側）
品種：Bourbon、Jackson 與少量 Mibirzi
處理法：水洗法為主，近年少量日曬豆
生產季：3 ～ 7 月
出口：內陸國須由肯亞或坦桑尼亞出港

PRIMUS

BIENVENUE
À
KAYANZA

　　蒲隆地屬東非共同體（EAC）與大湖地區（GLA）的成員國，原名烏隆地（Urundi），位於中非洲內陸，國土小巧且擁有起伏綿延的丘陵美景，是中非與東非的十字路口，也是偉大尼羅河跟剛果河的分水嶺，歷來有「非洲之心」的稱號。首都布松布拉（Bujumbura）位於壯闊的坦干伊喀湖（Tanganyika）湖畔，這座大湖也是蒲國與剛果及坦桑尼亞的自然邊境。

　　蒲國地勢高、海拔變化大，最低處 700 多公尺，海拔最高處的伊亞山（Heha）有 2,670 公尺，官方語言為法語、英語與 Kirundi 語 ❶，此外盛行於肯亞、東非洲的斯瓦希里語（Swahili）在首都布松布拉也通。蒲隆地以農立國，高達 90% 的外匯收入來自咖啡與茶，長年經濟困頓，國民年所得世界排名遠在 120 名外。

　　蒲隆地的咖啡約在 1930 年代由殖民母國比利時所引進栽種，當地人原本並無飲用咖啡的習慣，也因此早年有不少農民抗拒種植，在殖民政府的剝削下，可想而知當年的品質也不會太好，且蒲國長久來的種族問題，以及生產者對收購者（包括水洗場）的不信任，嚴重阻礙咖啡品質的提升。

　　1993 年起，來自世界銀行與國際貨幣基金的專案輔導，為蒲國咖啡產業帶來轉變契機，但 1993 年 10 月首位胡圖人總統被暗殺，種族衝突導致 25 萬人喪生、社會動盪，直到 2006 年 9 月，當政的圖西族與反政府組織簽署停火協議，蒲隆地的和平露出曙光，咖啡業的發展才邁入新階段。

---

*❶ 克倫地語（Kirundi）是一種班圖語言，是蒲隆地官方語言之一，在蒲隆地有 600 萬使用者。在坦桑尼亞、剛果使用者達 460 萬人，84% 的使用者為胡圖族。

近 10 年才進入精品咖啡發展期

　　鼓與咖啡是蒲隆地當地文化的重要表徵。蒲隆地國家咖啡執行單位 ARFIC（National coffee Regulation Authority）特別將烘焙的咖啡命名為「恩戈馬咖啡（NGOMA COFFEE）」，其中 NGOMA 就是鼓的意思。蒲隆地人特愛打鼓，任何慶典一定打鼓與欣賞鼓手跳舞。

　　內戰摧殘與缺乏資金、技術等因素影響下，國際市場對蒲隆地咖啡的印象往昔始終停留在「價格不貴、品質普通」的非洲豆。整體來說，蒲隆地是一個無出口港的內陸小國，與其他領土遼闊的產地國比較起來，地理上有更容易抵達咖啡水洗場的優勢；但產地資訊不夠透明化、內陸運輸成本昂貴、出口手續的複雜……則是其缺點。

　　世界銀行與國際貨幣基金會的援助專案，成為蒲隆地朝向精品咖啡邁進的重要契機。世界銀行輔導的咖啡專案有兩大策略：一是廣設咖啡水洗場（Coffee Washing Station，簡稱 CWS），二是全面增加咖啡樹的栽種總量。蒲國大約有 60 萬個家庭依賴咖啡過活，2007 年以前，所有的咖啡水洗場與後段乾燥處理場都隸屬官方，因國營的緣故，效率極差，生豆的品質也良莠不齊，

蒲隆地慶典的 Ngoma 舞。

卡揚薩區的水洗場與棚架日曬區鳥瞰圖。　　　　　　　　　　　　　卡揚薩區的處理場標誌。

前往產區，一路爬升，常見當地人騎腳踏車再攀附於大卡車後方。

當時蒲隆地咖啡在國際間的評價仍未提高，外界只給予「品質一般的非洲豆」評價（the OK Coffee from Africa）。

蒲隆地獨有的咖啡機構──「索傑斯投」

　　2007 年，蒲國政府允許私人設立咖啡水洗場與乾處理場，這也成為蒲隆地咖啡業真正的「轉捩點」，私有水洗場在國際客戶的建議下，很快了解唯有較高的品質才能獲得較高售價，願意學習並改善作業流程。2011 年，卓越咖啡組織首度在蒲隆地舉辦標準咖啡評比，引起更多的國際關注，農民發現咖啡可帶來現金、改善生活品質，接受專家與政府指導的意願大增，在世銀的資助計劃下，蒲隆地政府在全國咖啡產區設置 175 個 CWS 水洗場。

　　CWS 之上另有管理機構，類似肯亞大處理場（Factory）或合作社（Coop.）的組織，叫「索傑斯投」（SOGESTAL）❷，是水洗場的管理與督導單位。CWS 水洗場做接收咖啡櫻桃

棚架日曬區，包括瀝乾區和後方的日曬乾燥區。

2014 年冠軍水洗場的水洗作業流程。

（coffee cherry）後的處理，處理完的後續步驟與乾處理分級、銷售等事項，則交由索傑斯投負責，在政府開放私人投資後，目前有 17 個私有或政府與私人企業合資的索傑斯投。

　　水洗階段完成，並經日曬乾燥後，帶殼豆會送到乾處理廠進行初步分級、杯測、品管報告、以及最終的分級、裝袋。在首都布拉布松主要的乾處理場目前有 SODECO、Sonocoff 與 Sivca。

---

*❷　「索傑斯投」的全文是 Societies Managing Coffee Washing Stations。早期蒲隆地有 7 大索傑斯投，依主要產區與地理區域來設立，負責水洗場管理、後端處理，兼協調品管控制與銷售，分別為：Kayanza、Kirimiro、Kirundo/Muyinga、Ngozi、Mumirwa、Sonicoff 與 Coprotra。開放私人投資後政府降低持股低於 14%，私人持有股分超過 80%。

2012 年卓越盃，改變蒲隆地的咖啡命運

卓越盃不僅改變得獎小農的命運，也提升該國的咖啡地位。精品咖啡業有個共識：一個國家如能舉辦卓越盃，該國所產咖啡就可列入精品豆採購的口袋名單了！自 1999 年舉行第一屆卓越盃後，這樣的觀點屢試不爽！例如 2007 年的哥斯大黎加、2008 年的盧安達、2012 年的墨西哥，甚至 2017 年的秘魯，都可看到國際尋豆師們，依循著得獎莊園（或水洗場）的腳步前往尋豆，掀起該國的精品熱潮！

我也不例外，在蒲隆地，我的尋豆之旅，依靠的就是得獎名單與處理場的品質口碑。

如今的蒲隆地幾乎全國都產咖啡，名氣比較大的主要咖啡產區有卡揚薩（Kayanza）、恩戈吉（Ngozi）、慕密瓦（Mumirwa）、布雍吉（Buyenzi）、奇里密羅（Kirimiro）等區，多位於首都以北、地勢較高的高山區，再往北，翻過邊境就到盧安達了。2006 年，我首度深入非洲產區，當年蒲隆地咖啡的資訊不比今時，相當缺乏，在此之前，我僅在 2005 年曾購入一批明亮果酸、風味絕佳的蒲隆地咖啡而留下深刻印象，但這究竟是我這個尋豆師偶一為之的好運氣，抑或是蒲隆地咖啡的品質真的整體提升

水洗發酵結束，工作人員將帶殼 豆移往瀝乾區（skin dry）的作業，左方可看到部分全日曬豆處理區。

2012 年卓越盃與蒲隆地的國家評審合照。

2014 年卓越盃冠軍班賈處理場。

了？到 2012 年總算時機成熟，蒲隆地經過卓越組織核可，繼盧安達後也舉辦卓越盃競賽，因為受邀擔任蒲隆地的首屆國際評審，我理所當然順道前進山區尋豆。

　　多數人認為蒲隆地跟鄰國盧安達的風味類似，品種也同樣為波旁種居多（近年才引進傑克森 Jackson 等品種），但細究比較咖啡的酸質，盧安達較明亮，蒲隆地的優點在於酸甜感與細緻的香料變化，在舉辦卓越盃之前，國際上對其所知不多，不過我曾在波士頓與大師喬治·豪爾（Geoge Howell）聊過，他大讚說：「我喜歡蒲隆地的風味，細膩的變化要勝過盧安達！」

　　蒲國主要的咖啡產區分別是布雍吉（Buyenzi），奇里密羅（Kirimiro），慕密瓦（Mumirwa），布耶魯（Bweru），布給希拉（Bugesera）等。尤以布雍吉的卡揚薩（Kayanza）與恩戈吉（Ngozi，位於地圖上方）兩區最出名，囊括了自 2012 年卓越盃舉辦以來多數的冠軍與優勝批次！

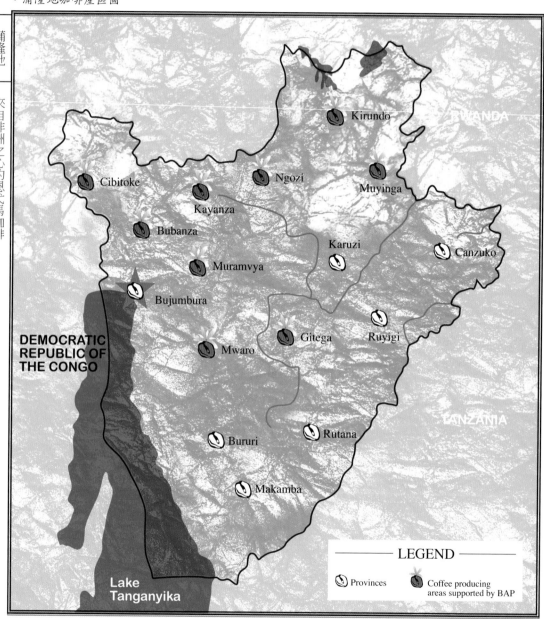

各產區的概況如下：

一、布雍吉（Buyenzi）

　　本區位於北方接近盧安達的邊境高山區，是蒲隆地咖啡的精華產區，本區內最著名的產區有卡揚薩與恩戈吉，兩地的海拔都在 1,700 公尺到 2,000 公尺間，3、4 月開始進入主要的雨季，採收後的 7 月進入乾季，年均溫在攝氏 18 ～ 19℃，夜晚的低溫延續到清晨，是本區豆香氣與緊實的豆體密度的主因。

二、奇閨度（Kirundo）＆布給希拉（Bugesera）

　　奇閨度相當靠近盧安達邊境，這兩區的咖啡產量較低，海拔約在 1,400 到 1,700 公尺間，本區咖啡農受卡揚薩區影響，已逐漸往生產精品批次靠攏，且已有水洗場在卓越盃競賽拿下決賽的佳績。

三、慕印尬（Muyinga）＆布耶魯（Bweru）

　　這兩區在東方與東北方，海拔約 1800 公尺，慕印尬離坦商尼亞的國境較近，但風味已略異於卡揚薩，因氣候較溫和且卡揚薩的酸較明亮而富變化。

四、吉帖尬（Gitega）＆奇里密羅（Kirimiro）

　　位於國土中部高海拔山區，年均溫也低，約在 12 ～ 18℃，此區年雨量較低，僅在 1,100 公厘左右，也造成產量較低的情況。

五、布幫薩（Bubanza）＆ 慕密瓦（Mumirwa）

　　這兩區位於盧安達與剛果共和國邊境，海拔由較低的 1,100 公尺到高海拔的 2,000 公尺，年雨量僅 1,100 公厘，低海拔處年均溫約在 20℃，影響了咖啡的品質，高海拔處有機會產出精品咖啡，但雨量的分布與不足影響到本區的產量。

深入山區，從產茶區到水洗場

　　首都布松布拉國際機場規模不大，過午驅車前往郊區，我的目的地是卡揚薩省（Kayanza）的班賈水洗場（Mpanga Washing Station）。卡揚薩位於北方高山區，由首都前往需 3 個小時。蒲隆地的地貌由丘陵與中大型的山丘陵脈構成，這種地形限制了農村與社區的型態，當地農民生活侷限在丘陵區塊，農民栽種處往往緊鄰其居住處，密度較高的區域，平均每平方公里大約會聚集 500 多個家庭。

　　對尋豆師來說，國家地域小也是個好處，離開首都不到 1 小時就進入山區，往北走，公路可直驅卡揚薩，途經著名的茶產區提雍薩（Teanza）。一過海拔 2,000 公尺，空氣變得冷冽新鮮；沿著公路在海拔 900 ～ 2,500 公尺之間盤旋，先抵達的黑陶村水洗場，大約有 1,800 公尺的高度。

　　黑陶村位於中部的慕倫亞省（Muamvya），原名布溪凱拉村（Busekera Vallege），以肥沃帶黏質的黑土出名。咖啡尚未普及之前，布溪凱拉村居民以採茶打工或製作手工藝品為主要經濟來源，如製作陶壺或木質器皿（多數為廚房用具），農作物則多以自用為主。正因肥沃的黑黏土與村民善於製作陶器，被暱稱為「黑陶村」。咖啡栽種普及後，水洗場發現國際買家對黑陶村與鄰近農戶的咖啡讚譽有加，黑陶村遂成為本區咖啡業者的代表據點。昔日產茶區的勞動人力，如今也自行栽種咖啡，這一區的變化，儼然象徵了蒲隆地的咖啡產業進展。

　　蒲隆地有如一顆埋在土裡的珍珠，藉著 2012 年首度舉辦卓越盃，她才在精品咖啡市場嶄露出明珠該有的光芒，我有幸參與並目睹這個重要轉折。我在蒲隆地的尋豆管道，正是由班賈處理場展開。班賈處理場的經營者是尚‧克萊門特（Jean Clemént），位處卡揚薩省 1,750 公尺的高海拔山區，在 2011 年的卓越盃暖身競賽——威望盃（Prestige Cup），奪得第 4 名佳績。

　　克萊門特在官營水洗場有多年工作經驗，深諳挑選與處理好品質的果實，當蒲隆地政府解禁民營水洗場，他看中市場的龐大商機，在 2009 年找昔日同事貸款創立班賈水洗場。在 2011 年卓越盃的測試競賽後，克萊門特邀請在美國的表妹珍妮（Jeanine）前來加入事業、擔任他的國際出口代表。我透過美國友人介紹、前來班賈處理場，就是由珍妮擔任我與克萊門特的翻譯。就這樣，透過珍妮和克萊門特的詳細介紹，加上之前連續兩年的品質鑑定，我建立了在蒲隆地第一個直接購買咖啡豆的管道。基本上採購蒲隆地咖啡必須透過繁複的後勤聯繫與大量溝通時間，遠不同於我在美洲的經驗，但是相當值得。

黑陶村，製陶的婦女。

水洗場的碟式去果皮機（分二段篩選）。

作者與冠軍水洗場合影。

尋豆優先選「FW」，手工水洗豆良莠不齊

中美洲式的大型咖啡莊園在非洲極為罕見，即使有些果農擁有少量咖啡樹，大約幾十棵到兩百多棵不等，也沒有多餘財力購買小型去皮去果膠機或設置小型水洗發酵槽，而這兩個條件卻是中美洲或哥倫比亞小型莊園的必要設備。

蒲隆地的咖啡雖屬於水洗式，卻有兩種做法：分別是由農民自己手洗處理再交由水洗場，稱手工水洗，標示為「Washed」；另一種是直接將果實交由水洗場處理，標示為「Fully Washed」。標示 Washed 的「手工水洗」，完全用人工去掉果皮與果膠的黏質層，因當地咖啡農有時認為水洗場的收購價不實，直接交賣果實的價格不夠好，寧可自己處理好再跟處理場打交道，以求較多的議價空間，但問題在於咖啡農多半只靠徒手處理、缺乏工具，往往就在塵土飛揚的路旁工作，品質自然優劣不一。自從開放水洗處理場民營化後，蒲隆地政府便鼓勵採收後交由專業處理，因此建議尋豆者盡可能選擇 Fully Washed（麻袋會標示 FW），而標示 Washed 的手作水洗生豆容易踩雷，還是少碰為妙。

農民可選擇自行加入生產合作社，或決定銷售給離家最近的任何一家水洗處理場。單一處理場一天會收到來自數百名農民當日採摘的果實，以收到日的所有咖啡果為登記批次，在當日下午就進行混合和處理，稱為「每日批次（Day Lot）」。不過要提醒，與其他非洲產國相同，每日批次並無法清楚辨識該批次來自哪些咖啡農，僅能由名單上的果農名字來初步追蹤，如果僅看水洗處理場的名稱來採購，不能保證品質均一。

2012 年首度舉辦的蒲隆地卓越盃，全國總計 300 份樣品，

黑陶村的小朋友們。

水洗場接收並秤重咖啡果實。

其中 150 份通過國家評審測試,晉級到國際評審階段,最後共有 60 款通過第一階段杯測。國際評審週合計 5 天,分 3 階段杯測作品。2012 年決賽分數標準是 85 分(如今更嚴格已提高至 86 分),由最初的 300 份剩下 17 份,競爭激烈,最後冠亞軍都超過 90 分。班賈處理場再接再厲,2014 年連奪冠軍與季軍殊榮,我們歐舍也組成競標團隊成功標下冠軍批次。

深入寶庫！
蒲隆地尋豆之旅

Burundi

 班賈水洗場：師法肯亞的雙重水洗發酵法

　　班賈水洗場的珍妮長年住在美國，定期回到蒲隆地協助克萊門特接待國際買家，講得一口流利的英文。她告訴我，班賈水洗場有高達 3,000 位合作咖啡農，他們都知道克萊門特是嚴格的咖啡專家，經常耳提面命提醒果農：「我們擁有很好的氣候與肥沃土壤，如果你的果實無法通過篩選，表示得加把勁，摘採夠熟果實才能合格。」

　　果農交付給班賈水洗場的咖啡櫻桃，幾乎是其家庭的主要收入來源，以我拜訪的 2012 年來說，最低收購價為 600 BFR，亦即每公斤咖啡櫻桃 0.45 美元。以每戶每年約 500 公斤櫻桃來說，年收入其實才 250 美元，但班賈的收購價格還算合理，我曾聽聞許多農民與水洗場因為收購價產生衝突，連世界銀行每年都召開生產者與水洗場的對話會議，雙方共識太低，農民對水洗場的不滿也會影響到果實的品質，也因此卓越盃要求公布得獎批次的咖啡農名單，目的就是要透明化並鼓勵果農。

　　若按照生果收購價格換算，1 公斤生豆約 2.5 美元，而得獎批次卻只有不到 100 公斤，因此在非洲，末端售價普遍來說無法完全反饋給咖啡農，對尋豆師來說，即便要直接採購，也僅能購買到處理場特定的日批次，絕非直接到莊園採購。

班賈處理場
咖啡豆水洗處理流程

1.

處理前,將果實或第一階段的果實放入浸漬篩選,密度較輕的果實與雜質皆打掉,下圖為克萊門特示範操作浸漬槽。

2.

接著進入去皮去果肉機。

3.

第一階段發酵:約 18~24 小時,確認果膠質脫落。

4.

第二階段浸漬:先用水洗淨,進行第二階段的 18~24 小時浸漬。此階段為雙重浸漬法的第二次入槽,以乾淨水浸泡,之後即可送到照片後方的日曬棚架區乾燥。

班賈處理場
咖啡豆水洗處理流程

5.

完成發酵與清洗作業後的第一階段
蔭乾：洗淨後，採遮蔭乾燥，第一
天不直接日曬，讓含水率緩慢下降。

7.

帶殼豆儲放倉：將含水率降至 11%
的帶殼豆放入麻袋中，至於高海拔
的乾倉儲放至少 1 個月，筆者與班
賈場主克萊門特（左）、水洗場經
理（右）在乾倉內合照。

6.

第二階段棚架日曬：之後進行 7 ～
14 天的棚架日曬乾燥作業，一直
到含水率降至 11%。下圖為班賈的
日曬區，全部為木製架高的棚架，
棚架鋪以鐵絲網，以利通風並讓空
氣流通。

　　班賈採當日後處理，首先將果實放入大水槽，以浮力篩選留下密度好的果實，未熟或過輕的就撈掉，接著進入機器去除果皮與果膠層，就可進入發酵槽發酵約 18 小時；第二天將已發酵過一輪的果實導入乾淨的水中，繼續發酵約 18 小時，合計大約 36 ～ 48 小時。之後將果實再導入清洗渠道以乾淨的清水刷洗乾淨，最後視情況進行第二次浸泡或直接進入乾燥程序，這是師法肯亞的「雙重水洗發酵法」。乾燥作業的第一階段要遮蔭風乾，並避免熾熱陽光直接曝曬，含水率由剛離開發酵槽的高濕度降至 40% 以下，接著移到棚架自然日曬，讓含水率自 18% 再緩慢降到 11%。

班賈水洗場（Kayanza Private CWS）資料與杯測報告

■**簡介**：離卡揚薩鎮約 6 公里，由尚‧克萊門特 Jean Clemént 在 2009 年集資成立

■**公司名稱**：MATRACO

■**產區**：卡揚薩（Kayanza）的卡布義區（Kabuye）

■**品種**：波旁（Bourbon）、少量傑克森（Jackson）與米比利茲 Mibirizi

■**等級**：FW A1

■**採收期**：2012 年 5 月

■**處理**：水洗法、後段棚架自然日曬

杯測報告

■**杯測風味**：很乾淨。鳳梨，高級紅茶，柳橙，花香，葡萄，蜂蜜，帶甜的柑橘，杏桃，無花果，蘋果，複雜多樣的風味，觸感滑順，餘味很持久。

蒲隆地咖啡的挑戰

一、咖啡果實收售價不夠透明化

除了果實收購價偏低，咖啡生產者亦缺乏合理的果實收購價資訊。同屬東非洲的肯亞與衣索匹亞，有透明的拍賣與公眾交易站，甚至會透過廣播來播報收穫期的果實當日收購價，但蒲隆地缺乏這種機制，且「日批次」與生產者的直接連結太低，導致咖啡農與買家也很難產生什麼交情。直接採購僅能購買到特定的日批次，很難直接到莊園採購（none direct trade to the farm）。

二、與盧安達的風味形象重疊

盧安達豆有話題性，有以傾國之力支持的咖啡政策，而蒲隆地與盧安達皆以波旁種為主，對多數消費者來說，盧安達比蒲隆地好記且選購的誘因更高，蒲隆地咖啡必須讓自己的風味特徵更清楚，也需要找出市場易懂且願意接受的市場定位。

三、馬鈴薯缺陷味的困擾

在前文提及的馬鈴薯缺陷味再東非尤以盧安達與蒲隆地最容易出現。關於馬鈴薯缺陷風味的產生，多數專家認為是當地的病蟲害，也有一派認為是由不當處理法引起的病菌侵襲。雖有包括星巴克贊助的研發機構、卓越組織的田野調查，以及東非各國咖啡機構的實驗研究報告等等，但始終缺乏能整合各機構的共享研究平台來對付馬鈴薯缺陷味問題。實際情況往往是，可能僅有一小批生豆感染馬鈴薯缺陷味，卻造成整批杯測品質下滑，導致顧客拒購。

四、後勤運輸的成本

下圖為歐舍競標的卓越盃優勝批次冠軍豆,要出口時裝入木箱全封口上封條。蒲隆地並無出口港,生豆出口必須經由鄰國陸地海關,陸地段運輸成本並不便宜,且貨品會發生遺漏、甚至短缺的情況。包裝會如此嚴密,正是由當地協助出口廠商建議,他們擔憂昂貴的比賽豆可能會被刻意抽驗,甚至發生漏失情況;不過以木箱封裝雖可避免問題,卻增加很多成本。

優質、尤其是昂貴的批次會額外小心、以木箱包裝,避免被混淆或查扣。

PART 2
國際評審的選豆心法

市場現況
選豆策略
強種之道
新式處理法

高價豆等於好豆子？

──供應商的角色與當紅傳奇品牌

目前市場上生豆的供應不僅豐富且來源繁多，如何維持生豆品質穩定並與來源建立長期策略夥伴關係，是買豆者的一大責任，有 3 個問題尋豆師要時時自問並拿來當作檢視工具：

一、高價豆＝好豆子＝超高品質？

二、源頭供應者如何決定給出的批次？品質一致性高還是低，品質出狀況的原因？

三、生豆資訊是否完全揭露？可否連結到源頭？

直接尋豆與菜單挑豆

尋豆與挑豆有兩種主要模式：「直接尋豆」與「菜單挑豆」，前者正是尋豆師的任務，在產區杯測並初步找出想要的批次，接著按流程處理後續出口等後勤作業，大企業可能獨立採購，中小型企業多採團隊共同採購的模式。無法親赴產區第一手挑豆者，依賴生豆供應商，並由提供品項中挑選，則稱為「菜單挑豆（purchase from offering list）」。

* 常見生豆採購模式

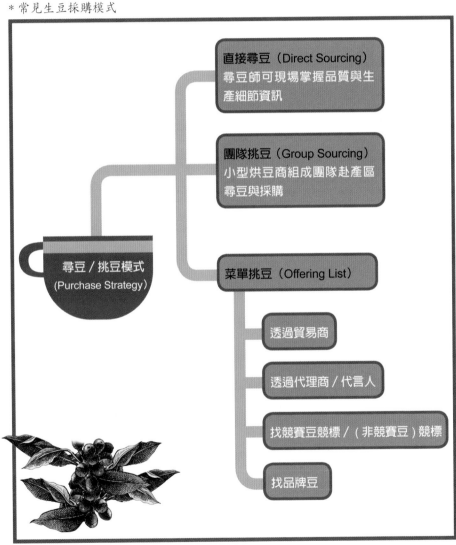

直接尋豆——從採集到杯測，環環相扣

　　能在現場有第一手觀察，再對烘豆師、咖啡師乃至於消費者分享經驗細節，其中所帶來的成就感，絕對是尋豆師千里迢迢遠赴產區的一大誘因。事實上，從尋豆到採購定案的過程冗長繁複並不浪漫，必須堅持年復一年前往各產區進行採收處理的觀察、杯測篩選，要到批次定案通常非一次拜訪就可決定，每個產區至少得要兩到三趟的杯測與生豆檢視，才能有比較明確的結果。一旦尋到合心意的豆子，除了決定採購量，還得和果農保持聯繫，以便下一個產季回頭接洽、雙方維持長久關係——然而以上過程僅僅屬於生豆採購的階段，好豆子飄洋過海運回國內，最後烘焙與沖煮出杯的品質，才是末端消費者最在意的，能讓付錢買咖啡的人感到愉快滿意，「直接尋豆」才算完滿告一段落。

　　由產區咖啡樹到端上桌的那杯咖啡，一連串的過程環環相扣、比想像得更繁瑣，也因生豆不是末端商品，仍須加工才能成為所謂的咖啡，就算尋豆師名氣再大經驗再老，再三拍胸脯保證品質，也不易登高一呼讓眾人買單！紅酒界的天王品酒師羅伯·帕克（Robert Parker）以一人的評鑑分數就足以影響到酒莊的巨大收益，但這種天王決定市場走向的情況卻不易在咖啡圈出現。不管鑑定的是生豆、熟豆還是出杯的咖啡，有太多環節必須兼顧、討論才能鑑定品質。

　　精品咖啡業評判與討論咖啡品質的 3 大重點：「生豆品質與等級」、「烘焙能力與熟豆品質」、「吧檯技術熟嫻與出杯咖啡品質」，其中任一項目都無法涵蓋全面，即使在同一家公司，尋豆、烘豆、吧檯手、客服等 4 個領域的專責人員，若彼

（右上）2018 年 11 月，卓越盃賽後馬上送抵台灣，在世貿咖啡展杯測的巴西卓越盃 PN 競賽得獎批次前 10 名的樣品。雖不屬於直接尋豆但屬於直接標購，咖啡農與得標者雙方資訊全部揭露於 ACE 網站。

（右下）2018 新產季於衣索匹亞首都阿迪斯阿巴巴杯測耶尬雪菲區樣品。通常在杯測結束開始討論時，才會公開資訊討論水洗場與處理細節，過程中都採盲測。

（上）新產季到來，尋豆者常於肯亞奈洛比進行密集杯測挑豆，一個回合的樣品常超過 30 款。

此無法有默契合作，也很難穩定供應好咖啡！中間必須經過專業分工、通盤掌握，才能得到滿意品質。

團隊挑豆與菜單挑豆之間的差異

咖啡農─烘豆者─沖煮者，是由生豆到一杯好咖啡的最短距離，但現實是小型的烘豆師通常無力長期做直接尋豆，「團隊挑豆」與「菜單選豆」才是小型自烘店家仰賴的選豆參考與主要豆源。小型規模的烘豆商已經是整個亞洲咖啡圈的趨勢與現況，包括兩岸三地、韓國、日本，或新興的馬來西亞、泰國、越南甚至印度，都颳起小型自烘店的風潮，這也活潑了各地的咖啡文化。能找到好豆源，自烘店家才算踏出維繫好風味的第一步。

小型烘豆商可組成團隊赴產區尋豆與採購，因為直接尋豆的難度與成本很高，結盟合作可降低門檻，我 10 年來曾觀察亞洲咖啡圈的 3 個團隊，發現合作尋豆確實可行。團隊採購的進行多會由代表赴產區，成員在其店內亦可杯測選豆。這種「烘豆商小團隊直接尋豆」，和輾轉向貿易商採購不同，一樣算是直接在產地第一手挑豆的模式。我觀察的 3 個案例包括日本「丸山咖啡」組成的「日本烘豆師聯盟 JRN」，十餘年來都由丸山健太郎先生協助團隊挑豆；第二個團隊是「台灣烘豆師聯盟 TRN」，由歐舍咖啡協助尋豆，已進入第 6 年；第三個例子是「韓國釜山買豆團」，由「Momos 咖啡」協助，案例中的團隊，藉著提升團體成員技術能力，包括杯測選豆、杯測鑑識力與烘焙技術交流，連帶也提升沖煮出杯技術，其運作範圍已進入全品質的交流與分享，頗值得小型烘豆商學習與參考。

團隊挑豆的方式，也掀起一股小型烘豆商與產地源頭直接
建立供需關係的成功連結。其好處是，可以按照第一手情報來
挑選批次，不必透過貿易商買固有批次，這種方式特別適合小
型的烘豆商聯盟。但團隊成立必須有願景、能力、團隊向心力
以及長期可行的運作系統。

而對於語言不通、有進出口門檻的小型店家，最容易上手
的豆源，正是由生豆供應商的供應單中挑豆。生豆供應單必須
載明庫存現貨、或即將到貨的日期，這種選豆即為「菜單挑豆
（purchase from offering list）」。由供應單選豆，通常僅杯測一
次就要下決定，甚至常常聽到採購者無法杯測即需下單，這類
的豆子可能是商品名氣大、供應量短缺、或代理商無法提供充
分的樣品。菜單挑豆的優點是管道多元且豆款眾多任君挑選，
省去直接交易的後續報關運輸等複雜手續，可以有效縮短採購
期，但相對的，自然沒有第一手資訊，且多數供應商不提供 PSS
（到貨前樣品），資訊極端不對稱，只能多方打聽市場的風評
或由信任的供應商處採購。

4 大生豆來源比一比

來看看以下幾種主要生豆供應來源，這些年的代表品牌與
值得注意的重點：

一、大型貿易商

跨國型的大型貿易商可提供的生豆量體很龐大，過往以服
務商業豆客戶為主，但隨著精品咖啡需求日盛，他們紛紛增加實
用且固定更新的服務內容，如生產預測、產區現況、基本風味

描述、產區資訊等等，此類國際型大貿易商包括 Ecom、Olam、Sustainable Harvest 等。

二、中型貿易商

　　經營範圍主要涵蓋美洲、非洲、亞洲，如美國的咖啡進口商 Coffee Imports、皇家（Royal）、英國的 Mercanta。近年來專精深耕某些產區的貿易商也頗為活躍，像是專攻美洲與非洲的美國貿易商「咖啡叢（Coffee Shrub）」、挪威的「北歐進場（Nordic Approach）」、專精衣索匹亞的荷蘭貿易商「特拉博卡（Trabocca）」等。上述貿易商不僅提供生豆菜單也支援技術資訊，包含烘焙曲線、線上技術交流、推薦特定用豆（例如單一產區濃縮咖啡 single origin，簡稱 SO），甚至提供濃縮咖啡的沖煮參數等資訊。他們通常會有駐點分公司或代表，有例如英國的 Mercanta 在新加坡有亞洲業務部、Olam 有中國分公司、美國皇家的上海部門等。

三、代理商 / 代理人

　　針對新興市場，出口商、貿易商、品牌豆等紛紛在亞洲區設代理人或代理商，這也成為多數烘豆商採購知名豆子的來源，貿易商總部大部分都不在亞洲，多以代理商 / 經銷商 / 代言人等單位來為其打理生豆推廣業務，代理商多與知名貿易商、莊園或品牌配合，在該地理區銷售，也像經銷制。

四、競賽豆 / 競標豆 / 非競賽的競標

　　一般來說，有公開評比區分名次的稱競賽豆，以銷售模式又分現場喊標、網路平台全球競標。要注意的是，「競賽豆」

與「競標豆」不一定相同，競賽豆規則與過程都事先公布並由
評審評比，雖說遊戲規則大同小異，但競賽水平與後勤的嚴謹
度差異甚大！卓越盃（CoE）與最佳巴拿馬（BOP）這兩項比賽，
同屬第三方非營利單位舉辦，公信力與權威性最佳，但細究評
審的多樣與嚴謹度，CoE 仍較為嚴格，主審必須經過多年的專
業養成與至少兩年以上的培訓，評審每年都要集訓。BOP 的主
審屬邀請制非採專業培養制，參加評比的國際評審多少會參雜
了主辦方邀請的買家，評審事先培訓的強度與嚴謹密集校正仍
不如 CoE。至於各國或地區政府、私人公司舉辦的咖啡競賽，
近年來更是多不勝數。

花大錢標競賽豆是否值得？

除了公開競賽，也有莊園自己挑出批次供買家標購，有些
莊園多年來已形成嚴格的審核挑選機制，例如中南美洲瓜地馬
拉的聖費麗莎莊園（Santa Felisa）與茵赫特莊園（El Injerto），

卓越組織官網上顯示瓜地馬拉 2018CoE 競賽冠軍的資訊。

瓜地馬拉 2018CoE 競賽冠軍
批次實際到貨的外箱。

皆委託安娜咖啡協會挑選批次，形成杯測風味譜的註解說明，多年來買家口碑甚優；翡翠莊園（La Esmeralda）主人兩姊弟本身就是杯測高手，也得到國際買家一致的信任。2018 年至少多了 3 家莊園競標專案，且各地評比採傳統現場喊標的競標豆也越來越多。

高價豆一定好嗎？老中青生豆品牌各出奇招

老中青生豆商紛紛搶進高端精品市場，祭出自有品牌策略！面對這個情況，烘豆商該如何選豆，烘豆商的自有價值會淪為品牌的抬轎者而失去自有的店格嗎？

品牌生豆，是近年來高端價格競爭最激烈的一塊，其中又以 90+ 起步最早，創業至今已超過 10 年，擁有強大知名度！由

宏都拉斯亞軍 Los Pinos Typica 種風味圖譜

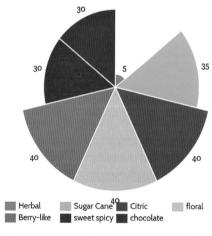

TRN 團隊的風味輪廓圖，供成員比對烘焙與萃取後的風味差異。

世界冠軍 Sasa 創辦的「產區計畫（Project Origin）」，這兩年快速崛起，相較於 90+ 供應豆源較廣、資訊揭露更清晰，且有兩位 WBC 世界冠軍用豆的加持，影響力大增。而「瑰夏村（Gesha Vellige）」雖是 2015 年才開始供應市場，但以瑰夏原鄉為號召的品牌戰術靈活，輔以競標活動藉此拉抬聲勢，近年在亞洲火紅，儼然另一個新版 90+，2019 年，市場傳言 90+ 會暫時將衣索匹亞移出其供應菜單，無疑是瑰夏村的一大利多。

看到品牌生豆勢力如火燎原，老牌的咖啡貿易商也開始重視起這塊市場，像是美國的生豆貿易商 Coffee Imports 的「王牌（ACES）」系列，杯測分數宣稱皆 90 分以上，網站上有清晰的資訊揭露包括生產者／微型產地／處理法／杯測風味，價格也具競爭力。另一家美國老牌貿易商「皇家咖啡（Royal Coffee）」也推出「皇冠之寶（Crown Jewels）」品牌，皇家咖啡在美國烘焙界幾乎無人不知，早年便以尋豆師深入產區、提供資訊清晰而聞名，這幾年更強化提供予客戶專業知識，如烘焙、吧檯沖煮、淬取技術等，並與專業學術機構合作，研究生豆處理保存中水活性對品質的影響等議題，頗受好評。

強打「創辦人＋品牌」的 90+ 傳奇

行文至此不得不聊聊最早推出品牌生豆且至今仍具備市場影響力的 90+。

關於 90+ 的小故事，在〈衣索比亞篇〉曾寫到我在 2006 年到瑰夏山尋根之旅，就曾與 90+ 的創辦人喬瑟夫（Joseph Brodsky）同行尋豆，其實喬瑟夫在 90+ 之前已經創辦過一家公司，是故在旅程中我曾問他，「如果你有機會再開一家精品

豆公司，會取什麼名字？」當時他毫不猶豫的就說：「Ninety Plus！」兩年後我們又在巴拿馬碰面，我再次問他：「有位朋友正在思考咖啡專賣店的店名，你有覺得哪一個好？他聽我說完幾個備選名稱後說：「還是 Ninety Plus 好！」好吧，這個名字的確是喬瑟夫的真愛！

細心的讀者會發現，在我們那趟瑰夏尋根之旅中，喬瑟夫帶著一位專業攝影師同行，協助全程留下珍貴記錄，這在尋豆圈是相當罕見的，畢竟赴產地尋豆的成本可不低，但也由此可以看出，喬瑟夫不同於一般尋豆師，他非常擅長結合「創辦人＋品牌」的形象，日後 90+ 在行銷方面的操作，大致不脫於此。

喬瑟夫在產區看到一成不變的後製流程，覺得美好果實其實可以處理出更頂尖風味，他想問：為何大家只是墨守舊規？於是他打破既定規則，90+ 創業初期的產品來自衣索匹亞出口商阿布都・拉巴葛西（Abdullah Bagersh）的水洗場，挑選品質好的果實，按喬瑟夫的想法後製，所推出精緻處理的批次一炮而紅，代表作便是「奧莉恰（Aricha）」與「比洛雅（Beloya）」。

風味創新者顛覆傳統處理法

成名後，喬瑟夫勤快走訪各地，在策略上他與優秀選手或冠軍合作擔任代理或代言人，自創處理法名稱，打破經銷方式改採直售，種種作法取得市場很好的迴響，這種「創辦人＋品牌」的方式，迥異於當時精品咖啡界的「生產者＋莊園」模式，取法自紅酒界與流行品牌的作法，確實奏效！打開市場後，他進一步回到源頭固樁，並在巴拿馬購買自己的莊園，建構品牌生豆的垂直整合。

　　喬瑟夫一開始就以風味創新者自居，因此他不用傳統的處理法來定義自己，陸續向市場提出「SK 特殊處理法（SolkilnTM）❶」、紅處理、寶石處理、製造者系列 ❷，在風味描述上有獨創屬於自己的專有名詞 ❸：他制訂「風味處理制度（Profile Processing）」，打造每款豆的風味特色，輔以種植、採收、處理等特殊程序，透過杯測來校正，企圖讓每款豆發揮獨特水果風味。

　　喬瑟夫也確實打下一片江山，在他創業前 5 年（2007 ～ 2012）的市場氛圍仍強調單一莊園精品與 3 大處理法，例如近年火紅的巴拿馬各莊園的日曬瑰夏種，當時都才處於起步階段，也少有人提出實驗室手法製作出更濃郁水果調性的訴求，喬瑟夫取得非常好的商業先機。

---

❶：SK 特殊處理法 SolkilnTM：2013 年喬瑟夫獨創 SolkilnTM 特殊處理法，構架柴火乾燥室來進行後製的乾燥。構想來自砍筏後的原木會放在乾燥室，並以加熱方式來讓原木逐漸乾燥的過程得以控制，透過溫度、濕度調節與空氣對流，讓處理的咖啡含水率降低 10 ～ 12%。

❷：製造者系列：2014 年推出的 Maker 系列，是邀請國際知名吧檯手（通常世界賽決賽選手或冠軍）、烘焙師，邀請他們共赴產區，量身打造由他們決定處理法的專屬生豆批次。

❸：90+ 自創的風味類別為 N2、H2 、W2，有別於傳統的水洗 / 日曬 / 蜜處理：以果香等的強烈度做分 W2 類似水洗，H2 類似蜜處理，N2 類似日曬處理，官方的說明則不採傳統的水洗、蜜處理、日曬的方式解釋。W2：較柔和的水果調，明亮酸與花香。H2：中等水果調，甜明顯、水果味與茶感。N2：較強烈的水果調，飽滿奔放的果味與明顯的熱帶核水果與類似蜜餞風味。

十多年來 90+ 在高端品牌的形象打下堅實的基礎，但市場的多變與競爭對手追逐與出新的速度，讓所有品牌業者隨時都面臨存活的關鍵：高端精品的市場真的有這麼大嗎？

2016 年 90+ 創立 10 週年時，官方對外宣稱將雙管齊下提高營收，以子品牌來增加銷售量，並提高衣索匹亞配合供應商的出貨量來加大產量，拉高營收，在品牌已在全球攻城掠地的同時，勢必得回到專注公司的成長性上。不過於此同時，現在 90+ 更要面對實力堅強的生豆貿易商們加入戰局，這些生豆老將們也開始玩起市場區隔的品牌策略，而且貿易商還提供更多產地的選擇。

後起之秀：世界冠軍的「產區計劃」

直到近幾年喬瑟夫也碰上了另一位強勁的競爭對手：世界咖啡大師冠軍沙夏・賽斯提（Sasa Sestic）。2015 年我在西雅圖舉辦的世界咖啡大師決賽（WBC Final），首次在競賽場上喝到沙夏以「二氧化碳浸漬處理法」的作品「蘇丹羅曼」，隨著 Sasa 的解說與咖啡自身展現的風味，我不僅融入其比賽節奏，還體驗了獨特處理法結合高品質的控管所呈現的風土特性，當下非常享受，世界冠軍的厭氧處理法果真實至名歸。

沙夏奪冠後表示，他不但是咖啡師，也是尋豆與生豆採購者，長期以來一直想把各產豆國優秀的咖啡農，藉由一個緊密的關係網絡，連結到喜愛高品質咖啡的消費國。其後，他與 10 個咖啡產國合作推出「產區計畫」，由於世界冠軍的知名度加持，加上二氧化碳浸漬的厭氧處理法造成的諸多討論，「產區計劃」一下子就在咖啡圈紅火起來。

　　沙夏在澳洲經營的 ONA 咖啡館已具規模，拿到冠軍之前其產區尋豆多為自用，拿下冠軍後，他藉自己的經驗創造一個供應鏈，建構「產區計畫」的藍圖，他自己世界冠軍的頭銜成為最有資格的品牌代言人，「創辦人＋品牌」的行銷手法，也與喬瑟夫與 90+ 有異曲同工之處。

師法紅酒的厭氧處理法

　　二氧化碳浸漬處理法（Carbonic Maceration）源自紅酒界，原理是使用整串帶皮葡萄層疊放入發酵槽中，利用重量讓底層的葡萄汁液滲出產生發酵，誘發上層果皮完整包覆的葡萄也進入發酵階段，同時藉由過程中產生的二氧化碳（或由外力打入）加速發酵進行，好處是外皮不破丹寧減少，果香果酸風味強烈，因此常被用在如薄酒萊新酒。沙夏把這一套原理用在咖啡後製處理上，補足並創造出更驚人的香氣與風味，自然「產區計劃」

---

❹：CM（Carbonic Maceration）系列的芳香強度和酸質迥異常見的咖啡，比較難用一般評分標準來判斷，因此「產區計畫」決定用風味特徵給予分類，有 4 個不同名稱來區別其風味特徵：

靛青 Indigo：濃郁的味道，強大的水果品質和獨特元素。這包括經過廣泛和實驗發酵的咖啡，創造出大膽而強烈的風味。

碧玉 Jasper：風味配置讓人想起紅色，橙色和黃色水果。這些咖啡具有一系列碳酸浸漬工藝，以提供具有中等強度的最大風味和透明度。

琥珀 Amber：細膩的風味和甜味，帶有橙色和黃色水果的風味。尋求最大限度地提高味道的美味和透明度，而不是強度。

鑽石 Daimond：鑽石是四類中最優雅和最精緻的。以花香和乾淨且精緻和溫和的風味為主。

也以此處理法作為主打，簡稱 CM 系列 ❹。

沙夏在「產區計劃」的實踐上也用了許多 90+ 類似的手法，例如主打高端處理法的精選豆、與參賽選手合作為品牌創造更多的代言人等，但也有不同之處，「產區計劃」提供多達 10 個產豆國，即為手上只有巴拿馬與衣索匹亞的 90+ 所不及，此外，沙夏還加入仿效卓越盃的生豆競賽、咖啡農的社區回饋計畫，並採代理商與直營的雙軌銷售制，在經營策略上比 90+ 更靈活。

「產區計畫」有龐大的企圖，沙夏組了跨國性的經營團隊，產品既專精又提供買家寬廣的選豆空間，此外更提供全方位的服務，由咖啡館的技術訓練到參加世界盃的教練與組訓一手包辦，2018 的 WBC 大賽即是由沙夏團隊訓練、並使用 CM 系列衣索匹亞精選的波蘭選手阿基耶斯卡（Agnieszka Rojewska，業界暱稱「阿尬」）奪冠，自此「產區計畫」更是聲勢日漲！

花大錢搶購品牌豆的省思

2018 年 12 月 15 日，我剛結束台北的 WCEP 課程（世界咖啡活動組織競賽教育訓練課程），隨即趕赴衣索匹亞，展開 2018 ～ 2019 產季的田野訪查，行程中，衣索匹亞知名的夏奇索農場主人問我：「為何亞洲市場願意花超額代價買品牌豆？你們願意在豆袋上印出我們的名字，這可以讓咖啡農站上市場，而我也樂意告訴訪客，你可以在亞洲烘豆商處喝到我們的豆子！因為那些高端品牌背後的生產者其實是我們，負責烘豆與銷售辛勤的是你們，那為何品牌豆廠商可以拿走多數利潤？」

對我來說，這是一段很棒也很有意義的對話！現實面，未具知名度的烘豆商，必須經常藉由品牌豆的名氣向其顧客證明

自己「用的豆子可是大有來頭」；烘豆商要直接面對沖煮師傅與消費者，尤其多數小型自烘店更是大小事都得自己來，往往是老闆兼洗碗工，那更應該深思：自烘店的價值在哪？上述的問題，值得自烘業者深思——烘豆商該如何慎選高單價生豆？烘豆商的自有價值會淪為品牌的抬轎者、而失去建立自有風格的機會甚或失去店格嗎？

尋豆師的選豆準則

——行銷資訊爆炸下的選擇

　　咖啡生豆是一種農產品，也就是說即便是同一家莊園的豆子，受各種主客觀條件的影響，每一批次的品質未必相同，如何避免購買生豆變成隨機或是類似賭博的狀況，一直是專業尋豆師／生豆採購者的挑戰，尋豆師必須年復一年以熟練的溝通技巧、品質判斷能力、應付狀況能力來解決問題，避免品質參差不齊，並確保以合理價格買進最優質的生豆。

　　採購的環節充滿變數，如果買家花大錢卻買到品質不佳的生豆，不外乎以下幾種情況：

　　一、測試樣品與到貨商品不符。

　　二、盲購！買家完全不做杯測選豆，或只依賴二手風味資訊即決定採購。

　　三、買家常以為生豆品質應是供應商的承諾與責任，往往僅在交貨當下確認品質（抽樣檢視），但卻忽略到貨後的保存細節，導致庫存後品質出現問題。

小批量烘豆商務必謹記：生豆品質的4大支柱

　　台灣的咖啡圈和多數亞洲新興市場一樣，小烘豆商近年成為主流。以台灣為例，大約有 3,000 家屬於使用小型烘豆機的自家烘焙店，大部分由 1 公斤的小型烘豆機開始，不像美國的咖啡商普遍以 15 公斤烘豆機為主流。這樣的烘豆規模也反映在台灣烘豆師採購量少、且豆款呈現高度多樣性的買豆策略，但實務面來說，如果沒有一定額度的採購量，就無法跟生豆來源建立直接關係採購模式，小型豆商來很難有機會進行產地國出貨前的樣品、試烘比對 PSS 杯測（Pre Shipping Sample）。

　　然而省略「檢視與杯測樣品」步驟，對採購生豆來說非常危險，無論多知名搶手的生豆，不做杯測、不檢視品質即下單買豆就會變成所謂的「盲購」。

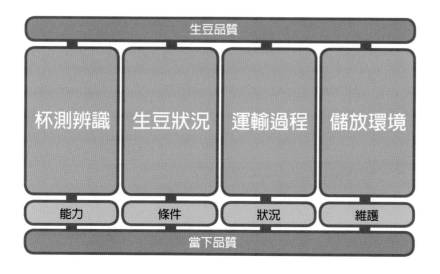

盲購的結果，容易發生雙方對品質認知不一，買家因為到貨品質不如預期而與生豆商爭執、徒增紛擾。商場上固然講信任，但生豆品質因為極易受外在環境影響，任何環節都有可能導致品質生變，因此採購前的杯測與檢視生豆非常重要。

我建議每一位生豆買家都可參考「生豆品質 4 大支柱」，作為下採購決定前的 check list，確認自己在每一個環節都有落實相關的工作，自然能降低錯誤採購的悲劇。

第一支柱是**杯測辨識**；第二支柱是**生豆狀況**。在主要時間點檢視生豆即時的品質狀況，且必須試烘樣品測試，兩者交叉比對。以下的工具、檢測標準同樣適用在採購後的每一個環節。

必備工具：密度與含水率檢測儀
必備動作：目視生豆外觀、顏色、氣味
必做杯測：小量烘焙樣品的杯測、記錄

雖然目視可觀察到生豆外觀的缺陷或瑕疵，但瑕疵究竟對品質造成多大的影響？試想，你若向供應商反應某批次豆子有問題，對方一定會反問：風味如何？能夠精確的描述才有助於溝通找到問題點，無論自己尋豆、團體共享或向供應商買豆，團隊中都必須有專人負責杯測與品質鑑定。

關於杯測的細節我在上一本《尋豆師》的第二部分有完整介紹。檢視生豆狀況主要項目包括：

產區拿到的剛處理的季初樣品、主採收期樣品、熟成樣品、關鍵的出口前樣品 PSS、到貨測試、倉庫儲放期間測試、烘焙成品測試；甚至比較同貨源的新豆與現豆（Present Crop）、或更早的舊豆（Past Crop）測試、確認貨源在新舊年度的一致性、有

品質問題的「抱怨批次」測試⋯⋯上述的工作都是屬於生豆在不同時間點的品質判別，簡稱生豆狀況！

運輸過程是第三支柱。尤其海運或炎熱氣候與高濕度的運輸，常導致品質異常，尋豆師必須要找出是否因運輸導致品質滑落，也才能據此結論要求供應商改進或改採其他豆源。

生豆剛送達的比對與檢視非常重要，尤其採用「菜單選購生豆」的自烘業者，你不會知道生豆到底在原產地停留多久才抵達供應商的倉庫，雖然低溫倉儲已成為高價生豆的標準儲放環境，但選購批次到底在供應商倉庫停留多久，以及出貨前的生豆情況有很多未知資訊，有賴現貨到手後逐一檢視。如有異狀必須回饋意見並列檔，供後續追蹤或未來再購依據！

儲放環境是第四個支柱。台灣與多數亞洲地區，夏季異常濕熱，再好的生豆品質也會因儲放環境而下滑，生豆品質維護之不易，當咖啡農遞過來優異的生豆時，買家接手後做到溫濕度的控管非常重要，由源頭到豆倉都必須協力合作，缺一不可！

2018 瓜地馬拉卓越盃 PSS 樣品批次 21。

當生豆品質出了問題，透過杯測推想發生原因的過程很像拼圖，不管是採收、後處理或其他過程，一不小心拼圖就會東缺一角西落一塊，如果掉落是整張拼圖的邊邊角角，以商業豆而言品質差異不算大，原本商業豆就存在合理的缺點，但精品豆只要不要求、不維護，品質一定會產生有感的差異，最終必會反映在顧客的口碑上。如有異狀必須回饋

意見並列檔，供後續追蹤或未來再購依據！必須針對儲放環境改善，針對新環境的生豆建立杯測與記錄資訊，供後續每一季（至少一次）的品質檢測比對。

精品豆的價值就建立在資訊揭露上

我常認為精品咖啡與商業咖啡最大的差異，就建立在專業導向（Professional Driven），試想，精品咖啡的先驅者推廣耶尬雪菲豆超過 10 年，才讓消費者相信咖啡裡喝得出花香，但如今

歐舍低溫恆濕倉儲，編碼、入倉、環境控制、易於入出與隨時掌控品項與數量，是生豆倉管理的要點。

消費者在便利商店就能買到大咖啡商出的掛耳包，精品業者在專業的優勢其實極易被迎頭趕上，要能夠繼續保持優勢，讓產品資訊更透明是持續該做的事。

舉例來說，前文提到的 90+ 雖標榜創新處理技術，但產品上資訊僅聚焦在風味與品牌代言人，幾乎看不到細節說明；另一家「產區計畫」揭露的處理法專業訊息稍多於 90+，雖然仍看得出維護核心處理技術，不想全盤托出，但歷史告訴我們，技術資訊揭露越少，就會喪失新趨勢的話語權，買家往往追逐更新的技術與話題，像是近期「酵母處理法」開始流行，「產區計畫」就比 90+ 拿到更多話語權的優勢。

追求名牌豆？先建立自己的杯測價值！

咖啡同業近年來普遍有種感覺：生豆越來越貴了！尤其在知名莊園與競賽豆的推波助瀾下，買家常須付出高於市價數倍、甚至一磅動輒上百美元的代價。

尋豆師的思考不外乎：品質與價格呈正比嗎？高價買來的豆子就算不賺錢，是否可當作一種廣告行銷？不論如何，即便有錢買高價豆，最重要的關鍵仍在經營者杯測與乾淨度辨識力。一旦價格飆高，就算是以 90 分的價格，買到 88 分品質的生豆，分數雖高但考量買價，還是會覺得很嘔！一般尋豆師／烘豆師最常發生經驗不足、無法辨識高品質豆款的細微差異，採購時缺乏警覺，就容易花大錢當上冤大頭。

舉例來說，擔任卓越盃評審有一項重要的專業技能：辨識乾淨度細微差異的能力，這個評項，其實也充分反映一款生豆由摘採果實開始、一直到上桌杯測，其中一連串的細節與努力！

以蜜處理法或日曬法為例，買方如果輕易接受「乾淨度（clean cup）一定會比水洗法略差」這樣的說法，就很容易以高價買到品質較次的批次。殊不知，無論處理法為何，好的乾淨度代表無任何負面風味，能清晰傳遞原地風味，代表了摘取恰好熟度的果實並進行嚴謹的後處理。如果付出高昂價錢，買家就應堅持「高價＝高品質」的要求來選購知名莊園、高價競標批次與名牌豆，而非迷信行銷語言或刻板印象。

該追逐最新的品種與處理法嗎？

在與其他飲食工藝文化融合後，現在的咖啡業越來越「潮」，每年都有新品種與新處理方式有如黑馬竄出。一般烘豆商在選豆時，多半會依循以下幾種邏輯：

一、知名產地優先：假設我們以消費者熟悉的產區為採購標的，像是瓜地馬拉的安提瓜、哥斯大黎加的塔拉蘇、薩爾瓦多的聖塔安娜火山……有經驗者會以盲測選出上述地區的好品質批次，屬於既考慮產地需求、更以品質為考量的專業採購模式。

二、知名品種優先：瑰夏種當紅，豆單中必有瑰夏，但這是哪裡的瑰夏？品質優嗎？專業者必不見獵心喜，以杯測輔助找出品質、價錢合宜，方拍板採購瑰夏種。其他常被做為採購標的的名種，還包括帕卡瑪拉種（Pacamara）、黃波旁（Yellow Bourbon）、蘇丹羅蜜（Sudan Rume）、肯亞 SL28（Kenya SL28）。

三、處理法優先：蜜處理法當道，特殊處理法逐漸流行，包括師法釀酒業的厭氧處理法、中美洲產區採用肯亞 72 小時水洗法、人工酵母發酵法、添加酵素或外來物進行發酵、將果實

低溫浸漬或處理後以遮蔭長時間緩慢乾燥等等。

　　下面的章節，我將分享關於品種與處理法的產區現況，看來雖複雜，但大道至簡，不論看起來多厲害的豆子，最終都必須以專業杯測以及本章提及的 4 大選豆能力為準，才不易買到地雷豆。

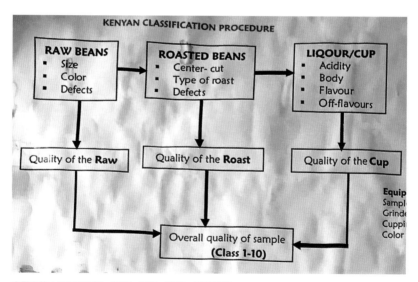

肯亞豆的 4 項杯測指標：酸質、質地、風味、負面風味。

尋豆筆記

不當冤大頭，選高價豆前的必備能力

以下選豆的技術特別適用於高價豆與非洲產區豆，不同於 SCA、COE 評分表，以下 4 大類能力等於培養挑豆的實戰力，並讓你可於簡易環境下進行快速選豆。

1-1 能辨識同一莊園 / 水洗場 / 小產區同一種處理法的乾淨度高低、品質高低。

1-2 辨識乾淨度：充分練習同一款豆在摘取成熟與一致熟度的果實下，水洗法、日曬法、蜜處理 3 種處理法在乾淨度上的差異，與杯測感官接受上的特徵。

2-1 辨識同一莊園 / 水洗場 / 小產區同一種處理法的酸質強弱度高低、品質高低。

2-2 辨識酸度：充分練習同一款豆在摘取成熟與一致熟度的果實下，水洗法、日曬法、蜜處理 3 種處理法在酸質上的差異與杯測感官接受上的特徵

3-1 辨識莊園 / 水洗場 / 小產區同一種處理法的質地（Mouthfeel）強弱度高低、品質高低。

3-2 辨識觸感質地：充分練習同一款豆在摘取成熟與一致熟度的果實下，水洗法、日曬法、蜜處理 3 種處理法在觸感質地上的差異與杯測感官接受上的特徵。

4-1 辨識莊園 / 水洗場 / 小產區同一種處理法的風味強弱度高低、品質高低。

4-2 辨識風味：充分練習同一款豆在摘取成熟與一致熟度的果實下，水洗法、日曬法、蜜處理 3 種處理法在風味上的差異與杯測感官接受上的特徵。

肯亞新品種巴提恩（Batian），豆型大、抗病佳、風味亦佳、栽種的農民越來越多。

老兵與新種

——面對極端氣候的強種之道

　　在產區尋豆，我最常被咖啡農問到的問題是：「你如何決定採購哪些批次？」

　　我的回答通常很簡單：只有兩點，第一是風味出眾、能代表當地的風土特色；第二是客戶指名要求的品項。

　　要找到前者的好批次需要反覆杯測，至於顧客的要求或偏好，不外是特定莊園（產區）、品種或處理法；早期的波旁、近期的爪哇、瑰夏、黃帕卡瑪拉等品種，或是現今市場接受度最高的蜜處理法。這些條件會形成尋豆師的採購組合。

你喝到的瑰夏，是哪一種？

　　品種在這幾年成為顯學，許多人一味追求某些知名品種，但身為尋豆師，優先考量仍應該是品質與風味。猶記 2017 秘魯首屆卓越盃咖啡農會議上，各國的評審最終的一致結論：「品嘗巴拿馬勃啟地的瑰夏、哥倫比亞考卡的瑰夏、瓜地馬拉阿卡提藍夠的瑰夏種，或許都有花香、柑橘、茶感，仔細杯測會發現其實仍可分辨出不同處，尤其包括觸感與餘味，整體經驗來看，即使都是瑰夏種，但卻是不同的咖啡啊！」

　　多數時候因為市場考量，許多尋豆師非特定豆不買，甚至即便是其他國家的同一品種也照買不誤，但要知道，這些名種

之所以會在該處被發掘或發揚光大，自是因為能彰顯在地獨特風味，這點絕非品種移往他國栽種所能取代。

明星品種出了什麼問題？

曾有法國農業發展研究機構 CIRAD（Agricultural Research for Development）的專家表示：「因為阿拉比卡種基因的窄化，與栽種日久產生的退化現象，不僅風味逐漸貧瘠，也不耐病蟲害，在氣候變遷的衝擊下，情況日趨嚴峻。」

走訪各產國的現實情況是，很難發現只栽種鐵皮卡單一品種的農園了。商業市場各大名豆，遭受葉鏽病毫不留情的攻擊，重創牙買加，讓藍山豆子產量大幅下滑、品質嚴重受損，或如果蠹蟲對夏威夷大島區造成巨大傷害已經超過 4 年，著名的可娜產區已奄奄一息。

極端氣候的影響下，知名品種面對的困境日增，尤其波旁與鐵皮卡兩大族群因病害侵襲與年久疲軟，風味由高峰逐年下滑，流失了酸質明亮度，收成率也大幅下滑，即使咖啡農以砍樹輪種（Stumping）、修枝減產或強化施肥（包括噴灑藥劑來對抗病蟲害），希望維持風味與基本收穫量，但這兩種最大的品種處境依然艱困。

2018 年，瑰夏種難耐天候劇變，收成率急遽下滑 40%，不僅如此，連帕卡瑪拉種也開始喪失獨特野勁，咖啡農驚覺熟悉的品種受到產量與風味疲軟的雙重考驗。生產國當然有對策，畢竟咖啡果實是這些生產國果農重要的生計來源，各國研發單位陸續發佈羅姆斯達混種、或其他人工混種的種子，讓農民改種新的混種應付嚴峻氣候、病蟲害以及維持高產能。

咖啡農考量的不僅是提供市場追逐的品種，現在更掛念該栽種哪些品種才可生存下來，只要咖啡農有維護品質的決心，尋豆師就應與生產者合作來搶救品種退化或病變的問題，一旦發生問題，兩三年內都無法恢復榮景，但在我走訪各產區的經驗中，也看到不少咖啡農成功面對困境找出生存之道，以下提供 3 個親訪案例供大家參考。

強種案例 (1)：老兵不死的波旁種

中美洲瓜地馬拉的理想莊園（Finca Concepcion，全名是 Concepcion Pixcayá），位於聖璜‧莎卡鐵佩克斯，離首都瓜地馬拉市不遠；莊園名稱源自天主教聖母（Virgin of Conception），以及流經莊園帶來豐沛水源的 Pixcayá 河兩字，深入了解莊園理念與奮鬥過程後，我以園主務實又充滿哲理的人生態度，將莊園名翻譯為「理想莊園」。

理想莊園由 Carlos Miron Armas 與 Maria Munoz de Miron 兩人創立於 1926 年，之前屬於天主教會資產。2017 年，我初次拜訪理想莊園，現由第三代 Manuel Zaghi Miron 與 Maria Cristina Miron Cordon de Zaghi 聯手經營，堅持栽種 100％波旁種，偌大的產業還栽種大量的塞浦路斯松（Cipres）、松樹，設有伐木場與簡易加工場來增加收入。

2012 席捲中美洲的葉鏽病，很多莊園放棄嬌嫩的波旁，慌張亂投醫，將果樹連根拔起，改種抗病性強但品質不佳的品種，大財團趁機遊說農民改種卡帝摩種（Catimor），就連安娜咖啡協會都有高層推波助瀾，但理想莊園對品質的堅持卻產生了截然不同的結果。

　　Maria 吩咐僕人準備咖啡，在客廳與我詳談，話題包括家族栽種咖啡因緣、她的旅行足跡與為何堅持只種波旁種。她說：人跟咖啡一樣，都會生病，都有年老體衰的問題，她知道波旁種對葉鏽病的抵抗力低，但年輕的波旁種則不然，可以輕易抵抗病害並順利開花結果，不會發生過度落葉而產量降低的結果。

　　我花了幾個小時訪遍莊園，發現老波旁幾乎全都光禿禿，工人將病樹連根拔起棄置一旁，堆積起來的枯木與樹根宛如咖啡墳場，慘狀怵目驚心，這場景幾年來在產區目睹多次，每次都產生強烈的情緒衝擊。但越過山脊另一區，竟轉眼綠意盎然，整列健康的咖啡林，病害侵襲前後對比如此強烈的莊園，我是首次遇到。

作者拍攝於理想莊園，圖中為嚴重受創的老波旁種。

Maria 對戰葉鏽病的決心來自於她對波旁種的深度認識，理想莊園雖然也遭遇葉鏽病害，但迎戰得早，由莊園的種子庫中，挑出精選強壯的年輕種子，強種得以抗病。莊園經理 Manuel Zaghi 負責繁重的莊園農務，採收僅選取 100% 正熟的紅色果實，當日篩選入機器去皮並進入發酵槽發酵，密切關注發酵的品質，完成後再度洗淨，以架高的棚架鋪開乾燥，並針對不同的批次評測，挑選更優的品質，拿去參賽或出售給挑剔願意付出較好價錢的買主。嚴密的品管，讓理想莊園連續多年為卓越盃競賽優勝並打入前 10 名。

品質控管外，理想莊園對環境的控管也很嚴格，以提高咖啡樹的健康生長環境，除了 100% 不用化學除草劑，以純天然堆肥當作咖啡樹的營養源，更做到將回收發酵清洗的廢水回收，並以專屬儲存槽處理，確保環境安全與無污染源。理想莊園多年來對環境保護的努力與無害栽種林木，榮獲瓜地馬拉國家造林環境獎。

強種案例 (2)：大放異采的中美洲 H1 新混種

由貢薩洛．卡斯蒂略家族經營的「聖布拉斯的承諾莊園」（Las Promesas de San Blas），位於尼加拉瓜桌鎮的迪匹托，屬新塞哥維亞產區的小型家庭農場。貢薩洛於 2010 年買下當時幾乎荒廢的農場，費盡心力開墾，莊園海拔約在 1,200 和 1,300 公尺之間，聖布拉斯在當地的風土與海拔條件不算最頂尖，卻在 2017、2018 連續兩年榮獲尼加拉瓜卓越盃大賽亞軍，可見莊園主貢薩洛的用心，僅花短短 7 年的開墾就連奪大獎。

在莊園我觀察到一個罕見現象，貢薩洛栽種的品種幾乎

貢薩洛與他栽種的中美洲 H1。

以新興的混種為主，尤其是來自哥斯大黎加熱帶農業研究和教育中心 CATIE、法國農業發展研究機構 CIRAD 與美洲區域合作組織 PROMECAFE，由這 3 個團隊共同研發出來的中美洲 CentraAmericano H1 品種。莊園內還種有 H3 與 H17，由 CATIE 與源自衣索匹亞的當地種人工培育出的新混種），傳統品種僅有卡杜拉；他們以中美洲新品種連續兩年拿下超過 90 分以上的高分，不僅世界咖啡研究組織 WCR 高層興奮異常，尼加拉瓜地的生產者與其他中美洲的咖啡農都產生濃厚興趣，證明新興混種風味不輸瑪拉卡杜拉 MarraCaturra（大顆種）、帕卡瑪拉、卡杜拉、爪哇、波旁等較傳統的知名品種。

中美洲 H1 源於南蘇丹的蘇丹·羅米（Sudan Rume）與抗葉鏽病的 T5296 種，屬於由人工培育而成的第一代 F1 混種，優點是風味優良，不但能抵抗葉鏽病，對咖啡炭疽病也有相當的耐受性。適合栽種在高海拔，不但豆型大產量也高，矮樹型有利採摘果實與照顧。缺點是根部要謹慎施肥，且咖啡農不可直接用子代種籽直接培育下一代（F1 的限制），須回到種籽供應源購買培育種籽。

貢薩洛除了精明的選種外，採用低環境衝擊的栽種，大面積保留林相與遮蔭，一年 4 次深度有機肥料的精密耕種，也對品質產生了正面的幫助。

強種案例 (3)：強壯基因的大本營——吉瑪研究中心

目前流通於世的阿拉比卡種有以下嚴重情況：

一、基因窄化。

二、風味退化。

三、疲軟體弱。

尤其多數混種所產的風味較貧乏等窘境，但我們還有衣索匹亞！這裡有公認的咖啡品種基因庫，在 2006 年首訪時，研究專員告訴我衣國至少還有 80% 以上的未知品種等待發掘！

衣國的吉瑪農業研究中心 JARC，是舉世公認擁有最多與最強壯好品種基因的機構。JARC 於 1967 年以聯合國食物與農業組織 FAO 的贊助下成立，目的是希望能改善咖啡品質、提生產率、疾病防治、增加農民收入。

自 1978 年來，將各地採集的原始壯種加以研發，經過一連串的抗病與產能實驗，多年來釋出近 40 款品種（Release Variety），這些原始種由 JARC 各地分站所搜集，經 JARC 的栽培、實驗、試種，釋放的品種包括「各區的當地原始適應種（Land Race Variety）」，「改良種融合原始種的混種（Land race variety and Improved variety）」，都擁有強壯的原始基因，能對抗病蟲害。

除了透過實驗比對，找出抗病性最佳的原始種，並釋放抗病改良品種外，JARC 也會拜訪農戶檢視栽種效果，除抗病害與檢查產量外，更會確認品質表現與統計農戶對品種的接受度，這些數據讓 JARC 篩出更適合栽種的優質風味種。

2006 年首訪 JARC 時，大家關注的焦點都在瑰夏種的資訊，希望能找到這源自衣國卻在中南美洲爆紅名豆的的線索，但在

訪談中我發現 JARC 並不在意瑰夏種的發展情況，反倒是多次提到抗病、產能佳，帶有優秀風味的品種，一位當地官員說：「衣索匹亞有非常多的優秀風味品種。但不一定適合栽種在每一個地方。」當時我不仍懂這段話的意思，直到近年來明星品種的狀況層出不窮，回頭去思索當時參訪的資料與談話，才略明其含義指「品種有屬地與適應性的問題」，尤其是阿拉比卡種。

舉例來說，JARC 在 2002 年的專案「當地適應種（強種）發展專案 LLDP」，目的是找出適應當地風土又能產出良好風味的品種，全國分 4 大區合計 16 個品種供各區栽種，以我們最熟悉的西達摩（Sidamo）與耶尬雪菲（Yirgacheffe）兩地區來說，JARC 在 2006 年陸續釋出 Angafa、Koti、Fayate、Odiche 等 4 個在地種讓農民選種，其中的 Fayate 與 Koti 具有香料甜與濃郁的花香味，是典型的該區風土特色，尤其適合栽種在 1,700～2,000 公尺左右的高海拔。

2006 年首度拜訪吉瑪農業研究中心，該中心也準備了當地釋放抗病性佳、風味不錯，由格拉─吉瑪─默圖三地挑選且於與 1979 年至 1981 年釋出的 7 款品種來杯測，該中心的研究員告訴我，釋放品種中以 74112、74110、74140、74158 以上 4 款較普及與受農民歡迎。

74110 品種以其可愛葉片（扁長小葉），以及開篷狀的生長發展，很容易在耶尬雪菲、古籍等地區發現。

咖啡農如何選擇新品種？

產區咖啡農常會問我們「咖啡農該種哪些品種？」「你們覺得哪些品種好賣？」，事實上我覺得不外乎 4 點：**風味水準、**

JARC 主管以會議模式向我們介紹該中心
作宗旨與品種釋放的情況。

JARC 準備了 4 款 1974 年釋放的 74112-
74110-74140 與 74158 品種供我們杯測。

抗病性、收穫量、緯度與高度適合栽種否。

實務上則受限於傳統現狀，如種籽取得的成本與取得的難
易程度，甚至官方或意見領袖也會大幅影響農民的意見，甚至
有些產區在選舉期間，政治人物會提供免費的種籽給農民，部
分商業公司也會用很便宜的搭配方案來說服農民。

此外，品種對於海拔高度的適應力，尤其生產量多寡、豆
型大小、抗病蟲害能力、施肥要求、抗旱能耐，都是農民是否
會採用的重點。以豆型來說，不是只有採購哥倫比亞商業豆的
買家在意豆型大小，肯亞也是，AA 的價格就是高於 AB ！這也
是肯亞當局在研發新混種時，必須把豆型大小列為重要評核項
目的原因。果實成熟期也是考量之一（尤其巴西），成熟期不
可太集中。

總歸來說，不是別國有瑰夏、有 SL28，所以咖啡農就非種
不可，尋豆師要理解，咖啡農選種的優先順序可能跟你想得不
一樣，了解咖啡農為何種某一品種，比盲目追求名種更重要。

筆者與 JARC 中心研究員合影。杯測期間他告訴我
74110 接受度很高，但他個人較喜歡 74158 種的風味。

拍攝於該中心入口處，可看到 JARC 的全名，穿
紅衣服的正是 90+ 的創辦人，Joseph Broosky。

尋豆筆記

帕卡瑪拉之父談品種的不穩定性

2018 年的薩爾瓦多卓越盃評比期間，薩國咖啡局特地請來現已退
休、人稱「帕卡瑪拉之父」的安侯・溫貝托（Angel Humberto）
先生前來相聚，講述如何研發出帕卡瑪拉種的背景原因以及突破
的過程，我問溫貝，托帕卡瑪拉種在栽種到第二代之後不穩定的
情況，為此嚴謹的學術單位仍不願意承認帕卡瑪拉是一個品種，
這是真的嗎？

溫貝托很明確的承認：是真的！他鼓勵
咖啡農要回到研發單位選購第一代 F1 的
種籽，用來更新或擴大栽種；根據孟德
爾的遺傳律，如果你買到的帕卡瑪拉恰
好是帕卡種（Pacas）較顯性，豆型看
起來很突兀，不是想像中的大顆豆型，
應該是買到不穩定那一代的產品。

精品咖啡農的看家本領

——創新處理法與發酵控制

現在流行的製程提味能代表在地好味嗎？我們更靠近原地風味、亦或距離更遠？這是我在產區常常會問自己的一個問題。

原地風味（original character）指能代表咖啡產地的風土味道，早期簡稱產地風味或產區風味，用來描述產豆國或大產區常見的味道。精品咖啡追求的原地風味不只限於產區味道，更講究精緻高品質的微量批次風味，可理解為「在特定地採收成熟果實，並處理成好品質、且具備風土特色的微量批次」。原地風味後製不會添加外物（如工業乾酵母），即便是新創發酵或微生物處理法，也是以莊園周遭天然的菌種進行，不會喪失當地的風土特色。

酵母處理法的風潮是否可長可久？

自 2015 年沙夏以二氧化碳浸漬處理法拿到冠軍後，特殊處理法成為顯學，雖然大多仍屬少量製作或類似實驗室內產物，要普遍如現有的 3 大處理法看來仍需要時間，藉著競賽與大眾喜新特性，確實帶起發酵處理法的風潮，到底該直接採用商業酵母，或使用其他添加物來跟進酵母處理法？或以原地原菌種來發酵？我與咖啡農合作並測試數十個批次，發現蘊含的細節非常多，無法輕易下結論，這過程跟傳統水洗區嘗試日曬豆／

蜜處理法的選擇其實不盡相同，那究竟要不要跟隨風潮？要怎麼看待這些創新處理法？

回顧 2005 年，巴西的 PN 處理法在哥斯大黎加變身為蜜處理法（Honey Process），十餘年來不僅流行於中美洲，更紅遍全球。目前主流的 3 大處理法：水洗、日曬、蜜處理，都已分別衍生許多變化與細節，目的都在「增加風味或創造風味」。

學理上利用微生物控制發酵作用對風味的影響，製程上甚至效法食物脫水、風乾或初步風乾再入水，做短時間的還原，再去皮乾燥等繁複工序。咖啡農採用創新處理法都希望創造出讓人驚艷的風味，但卻不是每一批成果都能如人所願，因處理失敗產生詭異且難以入口的怪異風味時有所聞。

尋豆師對於處理法應該是採取開放性的想法，一切建立在資訊的理解與風味杯測上——最根本的，必須先了解原本基礎處理法（指在當地盛行且施行 5 年以上的處理法）的風土味道，也能辨別與創新處理法的不同之處。同時思考：

一、新的處理法對杯測結果是加分還是扣分？
二、如果是加分，可持續而穩定供應嗎？

在建立採購關係後，與買方保持密切聯繫，了解生豆一年內的變化：品質穩定 / 變好 / 衰退變質？烘焙是否容易駕馭？

每種處理法都有優點和缺點，但並非每種處理法都適合用於每個農場。氣候、資源、勞動力、市場需求都是變數，以下提供我在產區看到的 3 種創新處理法。

創新處理法案例 (1)：延緩自然發酵的葡萄乾處理法

2017 年巴西卓越盃大賽 PN 組（去皮乾燥法）冠軍的美好花園農場（FAZENDA BOM JARDIM），非但在決賽拿到 92.33 的高分，更令國際評審驚艷的是杯測結果有著「不尋常的風味特徵」。代表出賽的農場第三代的經營者努內斯（Nunes）才 28 歲，兩年前自農藝系畢業，為了卓越盃比賽他開發「葡萄乾處理法」，一鳴驚人。

在咖啡專業用語中，「葡萄乾」通常指果實仍在咖啡樹上，且顏色開始變成紫色、逐漸枯萎的時候。努內斯解釋，他是在果實甜度剛過最高點，且尚未產生過熟風味時摘採，只用手工採摘符合時間點的櫻桃，隨後放入大桶讓卡車載至當地森林中靜置，不曝曬並冷卻 36 小時進行厭氧處理階段，當確認如預期的發酵結果後，到第三天早晨才運送去做下一個階段的去果皮處理（如此方符合 PN 競賽的要求），篩選後將挑好的帶殼豆移到棚架，進行乾燥作業，視天氣與乾燥情況，在含水率約 11.5% 時移到陰涼的乾倉，繼續儲放與靜置。

若仔細研究美好花園農場的資料，使用品種是黃波旁（Yellow Bourbón J10），令人驚訝是莊園最高的海拔只有 950 公尺，且莊園位於喜哈多·米內羅區（Cerrado Mineiro），此區從來非冠軍產區，因此當冠軍發布，現場充滿驚訝與無法置信的眼神。

喜哈多地區向來氣候較熱且海拔略低，根據巴西國內專業評審喝到的記錄，美好花園農場的參賽豆並非喜哈多的當地風味，於是謠言滿天，在努內斯接受媒體訪問時說明是採用「葡萄乾處理法」後才得以釋疑，無疑就創新處理法而言，這是一個成功的案例。

美好花園農場以機器採收果實。

2018 剛採收的小師傅莊園傳統改良的薄層日曬。

創新處理法案例 (2)：取法製酒的酵母作用輔以日曬法

　　巴西傳統日曬法通常是直接將摘採下的果實鋪在水泥地或棚架，直接進行曝曬，但位於卡蒙‧米娜斯區（Carmo de Minas）的小師傅莊園（Senhor Niquinho）以實驗結果改變製程，採用慢速發酵，風味、甜度、厚實度與餘味都會大幅提升。

　　實驗過程以儀器來分段取樣，並檢視桶內果實發酵的程度，品質的關鍵在於控制發酵桶內的溫度、pH 值、水分與氣體這 3 大重點。工序上必須以人工採正熟的好果實，篩選好果實後於當日 4 小時內直接裝入大型桶，將桶上蓋，以自然發酵定時檢視 pH 值、分段排除發酵產生的液體與檢視氣體濃度、控制 3 個

參數讓桶內溫度慢慢的在 3 到 4 天內達到 40 ～ 45℃（桶內溫度），馬上移出果實，放置架高棚架上，以薄薄一層的高度進行後面的日曬乾燥。

同一莊園的傳統日曬批次與這批創新日曬杯測，分數差距達 8 分左右。

創新處理法案例 (3)：舒馬瓦冠軍豆的甜汁發酵蜜處理

2016 年哥斯大黎加卓越盃冠軍舒馬瓦莊園（Monte Llano Bonito）拉德拉批次（Lote La Ladera 2016），來自該國西部山谷「查柚蝶保留區（El Chayote）」的高地，擁有波阿斯（Poás）火山肥沃土壤與面臨太平洋的對流與溼氣、加上早晚頗低的溫差與適度日照的微型氣候下，此區方圓一公里內誕生了 4 個哥斯大黎加冠軍莊園，真可謂是地靈人傑。

但這款舒馬瓦冠軍豆的後製內容更值得討論，不但用上新品種，且採用很神秘的「甜汁發酵蜜處理法」。

我遇過的咖啡農，幾乎都有他們獨家的本領，有些會宣稱那是個人首創、僅此一家別人沒有，這類的生產者通常不願意對外透漏關鍵資訊，前面提的葡萄乾處理法即是一例，而舒馬瓦的莊園主也不遑多讓，甚至不願意透漏品種的細節，但無礙這是一款很罕見且值得品味的冠軍咖啡，其風味包括：果汁、柑橘與水蜜桃、蜂蜜、多款莓果、蘋果、杏桃、蜜棗，熱帶水果拼盤與瑞士水果巧克力，餘味是多變的水果甜感、香氣很特殊且持久！

莊園主梅納（Mena）採用他宣稱的獨特甜汁蜜處理法（Sweet Sugar Process），將咖啡漿果處理過程產生的汁液再取來浸泡果

甜汁蜜處理後的乾燥過程。

實，因漿果汁液含有頗高的甜分與該地自有的獨特酵素，讓果
實蘊含更豐富的滋味後，再用薄層架高方式乾燥。

　　除了上述獨特處理法，莊園的富饒火山土與低溫的環境
是高品質的主因，競賽批次用兩個品種，分別是衣索匹亞原生
種與卡杜拉人工混種的 H3，由位於哥斯大黎加的 CATIE 機構
所 供 應（Caturra x Ethiopian landrace accession "E531" by CATIE
collection），以及本地的卡杜拉種，用來增進香氣與複雜度。

好的發酵是商業豆的福音

　　以上 3 個例子，其實都跟發酵造成的風味息息相關，那麼
對咖啡人來說，發酵是什麼？

　　發酵是讓酵母、細菌等微生物遇到養分後，將糖分與澱粉

分解的過程，對咖啡人來說，酵母和細菌將糖轉化為能量和風味等化合物，隨著溫度的緩升與時間的經過，產出好風味。發酵在咖啡的 3 大處理法中都會發生，對風味與觸感的影響超乎想像——不良的發酵導致咖啡發霉，甚至產生刺激的化學味道，這也是為何處理者需要監控整個過程，並根據現實情況做出及時調整的原因。

果實於發酵槽內開始發酵後，內果皮上的黏質層與微生物展開作用，槽內溫度會逐漸提升，發酵作用也會加速，必須注意環境中的溫度升高的速度，與 pH 值降低的速度（如 pH 快速下降，表示酸化過快），兩者都會導致不愉悅的味道，如金屬或醋酸甚至較粗糙的觸感；反之，過程太慢或發酵不完全即停止，也會導致風味與品質產生異常狀況。

發酵時間由 8 小時至接近 72 小時都有，主要取決於環境的溫度（高海拔山區往往超過兩天，因為環境溫度偏低），環境溫度較高、或果膠黏液層較厚都會加快發酵作用。停止發酵的時間點牽涉到咖啡的風味與品質，關鍵因素包括 pH 值、酸度、含糖量、以及仍留在內果皮上的殘留物也會影響。

還有幾項研究成果表示，添加某些類型的酶、酵母或熱水能加快日曬發酵速度，這些方法一般都在機器去除果肉之前使用，可以有效降低水的消耗，還能保護發酵環境，儘管一些實驗表明酶和酵母能夠改變揮發和非揮發性物質成分的含量，但目前很難實現商業應用。

好的發酵，可確保優質的原始風味能夠呈現，添加商業酵母流程管控好，可增味，尤其對風味較平板的商業咖啡來說，是一大福音。目前的控制發酵的處理法，可按客戶需求提供較凸顯的風味、或非產地原始的風味，通常著重在提升甜感、酸

度、觸感，如特定水果的果酸、或焦糖、巧克力等風味。

　　但發酵時間過長，可能會導致風味質量的大幅下降，酸度、醇厚度和甜感等特性都可能會降低，咖啡農要了解發酵過程並

尋豆筆記

商業酵母處理法

拉爾咖啡出品的西瑪酵母系列已供應市場，該公司宣稱使用該系列酵母可讓咖啡增進檸檬味、甜度、柔和的觸感，使用方式是當酵母溶劑準備好後（乾酵母量比去皮後的豆量比例是 1：1000）浸漬在發酵槽 4 小時後，做首次果膠狀況檢查，之後的 12 ～ 24 小時將槽內的溫度控制在攝氏 14 ～ 26 度區間內，避免過度發酵的狀況與異味發生。這款人工酵母西瑪系列除了減少水洗法的用水量，也可減少發酵時間。

關於商業酵母處理法（inoculation yeast process），尋豆師該有的認知是：
一、咖啡果實的糖度越高越適合採用商業酵母處理法嗎？答案並不是，而且有時會適得其反，巴西精品咖啡協會 BSCA 的研究發現有時甜度太高，風味反差的情況。
二、經過實驗證實，商業接種發酵風險很低，風味確可改變，低海拔或品質較差的咖啡確實可提高杯測的分數，但品質本來就很優質的咖啡使用後，不一定提升杯測分數。
三、使用相同酵母或細菌，並不一定會得到同樣味道，酵母在當地環境、海拔高度、菌株、品種、成熟度、微生物與菌種間的競爭都會改變，也會造成最終風味不同。
四、選定的微生物或酵母確實會改變被處理咖啡的風味，且可以設計出主軸味道。
五、商業接種發酵法（Inoculated Fermentation）會形成趨勢，但市場需求與處理成本會決定其普及的程度。

做出恰當判斷，應該接受一些有關品質分析的培訓，比如杯測，方能評估發酵過程所帶來的影響，並及時地做出調整。

尋豆師可以協助確認咖啡農在發酵上的幾個控制點：

一、設備必須是潔淨的。

二、在發酵過程中和發酵後做好相關數據記錄，以便追蹤、控制和重複發酵過程。這些數值包括糖度、pH 值、發酵時間、溫度等。

三、最後進行杯測檢驗。掌握的信息越多，就越容易利用發酵來獲得始終如一的高品質咖啡。

如果處理不當，發酵很可能成為咖啡豆處理者的災難；但如若善加利用，發酵能夠帶來深受消費者們所喜愛、與眾不同的風味。

尋豆筆記

聖費麗莎莊園（**Santa Felisa**）

批次名稱： Solar Noon

編碼 Lot #: SF-3

採收：2018 年 2 月

品種：瑰夏 2722

平均氣溫：17℃～ 23℃

平均雨量：1,200 to 1,500 mm

海拔高度（Elevation）：1,520 公尺

瓜地馬拉聖費麗莎 2018 年的瑰夏種日曬酵素處理法 SF-3 批次。

處理法：日曬處理法，緩慢乾燥 20 天讓酵母自然發酵達到 45℃的溫度後停止，接著用陰乾的方式在持續乾燥 10 天，過程溫度不會超過 20℃。

聖費麗莎莊園另一款橘蜜酵素處理法，先整顆果進行浸泡發酵，達到理想溫度與 PH 值後，撈起，進行去果皮留部分黏質，以及後段的自然曬乾。

尋豆師②
The Bean Seeker
—— 國際咖啡評審的非洲獵奇

作者	許寶霖
主編	莊樹穎
設計 / 地圖	張家銘
行銷企劃	洪于茹
出版者	寫樂文化有限公司
創辦人	韓嵩齡、詹仁雄
發行人兼總編輯	韓嵩齡
發行業務	蕭星貞
發行地址	106 台北市大安區光復南路202號10樓之5
電話	(02) 6617-5759
傳真	(02) 2772-2651
讀者服務信箱	soulerbook@gmail.com
總經銷	時報文化出版企業股份有限公司
公司地址	台北市和平西路三段240號5樓
電話	(02) 2306-6600

第一版第一刷 2019年1月18日
第一版第五刷 2022年7月13日
ISBN 978-986-95611-9-8

國家圖書館出版品預行編目(CIP)資料

尋豆師 . 2 / 許寶霖 著
第一版. -- 臺北市:寫樂文化, 2019.01
面 ; 公分. -- (我的咖啡國 ; 5)

ISBN 978-986-95611-9-8 (平裝)
1.咖啡
434.183   107022232

The
Bean Seeker

The
Bean Seeker